农地流转促进特色种植业
发展的可拓决策研究

王 乐 著

中国农业出版社

北 京

前　　言

　　我国现行经济体制下所面临的重大问题是"三农"问题，而农村土地问题最为重要，所以农村土地资源的优化配置则成为促进农村经济发展、提高农民收入水平的关键。在确保农业生产稳定发展的基础上，充分利用"三农"工作的良好氛围，推动农村土地流转工作的顺利开展，带动特色种植业的发展，提高农业的现代化水平，实现农业持续稳定的发展。本书从生态、社会与经济的视角，贯彻落实农业供给侧结构性改革的总体要求，以市场需求为导向，坚持因地制宜，探讨如何运用现代科学思想方法促进特色种植业的发展，优化农业产业结构、产品结构，探索农业现代化发展的新路子。

　　本书采用实证分析，依据辽宁省朝阳市（朝阳县）的统计年鉴数据，从以下四个方面展开研究：

　　首先，在理论上分析农地流转促进特色种植业发展的可拓问题，在实践层面上以朝阳市为例进行研究，运用可拓方法，构建特色种植业发展中不相容问题的可拓物元模型；同时兼顾生态效益、经济效益与社会效益，根据空间发展理论进行规划特色种植业的合理布局，计算特色产品种植面积的经典域和节域，构建特色种植业发展的可拓决策模型，确定朝阳市种植业的特色产品，达到经济效益最大化的目的。

　　其次，以朝阳市朝阳县为例进行实证研究，运用目标规划的方法，建立特色种植业结构的目标规划模型，并进行优化调整分析，得出玉米、马铃薯、苹果以及高粱四大类特色种植业产品，建议应扩大其耕作面积，逐步形成规模化、区域化的特色种植业产品，推动传统农业向现代农业转变，促进农民持续增收，农业稳定发展。

　　然后，运用系统仿真理论分析经济、生态和社会三个子系统之间的相互影响关系，建立特色种植业的因果关系图与 SD 流程图，为特色种植业发展的动态分析奠定基础。同时将特色种植业中的经济效益与生态效益视为整体来考虑，对其未来发展趋势进行预测，验证特色种植业的发展对于改善生态环境和提高经济效益具有一定的意义。

　　最后，在前期研究的基础上，有序地将朝阳市朝阳县的特色种植业划分为杂粮类、林业类以及果业类三大类，假设这三大类产业为动态博弈的局中人，运用动态合作博弈理论的研究方法，计算特色种植业中三大类产业的产业贡献率，建立动态合作博弈模型，得出果业类的产业贡献率最大，这一结果正好与朝阳县特色种植业结构的整体发展相符，为实现朝阳县种植业结构的优化和可持续性发展奠定基础。

　　本书整体上从理论层面探讨了农地流转促进特色种植业发展中的不相容问题以及必要性，验证农地流转与特色种植业之间的关联性；从实践层面上，以辽西地区为实证研究，运用数学计算方法，将不相容问题转化为相容问题，得出优化的特色种植业结构，验证了该区域的种植业结构与经济、社会与生态发展相协调，这对于农地流转促进特色种植业发展具有重要的应用价值。

王　乐

2021 年 12 月

目　　录

第1章 绪　　论

1.1　问题的提出

2021年3月1日起施行的农业农村部令第1号《农村土地经营权流转管理办法》中第一章第三条规定："土地经营权流转不得损害农村集体经济组织和利害关系人的合法权益，不得破坏农业综合生产能力和农业生态环境，不得改变承包土地的所有权性质及其农业用途，确保农地农用，优先用于粮食生产，制止耕地'非农化'，防止耕地'非粮化'。"但部分地区仍存在农村土地采取强制性流转的现象，与农地流转的自愿原则相违背。不仅损害农民对土地承包所拥有的经营权，而且改变了土地用途，导致由于农地流转行为不规范而造成的一系列问题。归纳总结主要有以下三个方面：

（1）农地流转规模缩小，流转率降低，经济效益减少

农地流转的规模经营与当前农地分户经营的分散性之间的矛盾问题，是影响农地流转的规模与效益的关键因素。在实施农地流转时，往往因为其中的一户甚至多户不同意，给农地规模集中化流转带来困难，从而导致农地流转分散化，制约农业规模经营性发展，使得经济效益减少。

（2）农民对农地流转的政策认识不足，重视不够

农民把土地视为"命根子"，它是农民衣食住行的直接来源和保障，对此产生了较强的依赖感。由于农民文化素质较低，思想认识不足，部分农户担心农地流转会失去使用权，影响自己的权益，也就阻碍了农地流转的发展。同时由于缺乏专业的种植技术，使得农地的作用没有得到充分的发挥，加上大量农村青壮年劳动力因城乡就业收入差距大而进城务工，长此以往各地都出现农地闲置荒废的现象。为缓解这一矛盾，我国开始宣传农村土地流转政策，鼓励农户将手中闲置的土地，通过转让或出租的形式交与其他农户从事农业的生产经营活动，这样既不丧失土地经营权，还能定期获得一定的经济收益，从而有力地促进农地流转政策的执行。

（3）农地流转过程中，使用方不得擅自改变土地的用途

在偏远落后的地区，由于法律意识淡薄，使用方未经法律许可的前提条件下任意改变土地用途，从事与农业生产无关的活动，与我国实施土地流转政策的宗旨相违背，导致这一现象的原因主要是实施农业生产所产生的经济收益远远低于非农业生产。由此在实行农地流转的行为活动中，农民会通过改变土地的用途来增加经济收入，也必然会导致粮食产量下降。

据农业农村部经营司在调查县的统计，目前农户之间流转土地中用于种粮比重占 71.9%，而有规模、有秩序流转到企业或经营者的土地用于种粮的比重仅为 6.4%，预计未来不少地区将可能出现流转面积递增、种粮面积递减情况。在丘陵地带的农村，仅有部分外出的劳动力会将土壤肥力较差的土地进行转让或出租，长此以往必然导致土地闲置荒废的现象。

综上所述，可看出研究农地流转是当前急需解决的问题。

1.2　研究目的及意义

1.2.1　研究目的

按照地域位置的特点，从循环经济和可持续发展的视角，分析农地流转之间的理论前沿性科学问题，建立农地流转促进特色种植业发展的评价模型，促进产业结构优化，解决经济社会与农地流转协调发展的问题。首先根据农地流转促进特色种植业发展中的不相容问题，充分考虑各个因素的动态性和利弊关系，利用可拓基元理论，建立农地流转促进特色种植业发展的可拓决策模型，从而达到理论与实际相结合的目的；其次基于可拓决策研究，对其种植业的结构进行优化，建立目标规划模型，运用 Lindo 软件确定实证案例中特色种植业的结构；然后通过空间和时间的界定，整体分析农地流转促进特色种植业发展的动态系统，主要研究生态、经济和社会之间因果反馈关系，建立系统仿真模型，运用 Vensim v6.0 软件计算并预测，得出改善生态环境、提高经济效益的有效策略；最后运用博弈论，将杂粮类、果业类以及林业类产业分别映射为博弈模型的局中人，建立种植业的产业贡献率动态合作博弈模型，对种植业结构进行优化，有效地将经济、社会以及生态环境相结合，促进区域经济可持续性发展。

1.2.2 研究意义

1.2.2.1 理论意义

本书的研究是在充分理解我国农地流转政策的前提条件下，运用可拓学和系统动力学理论方法，探讨农地流转如何促进特色种植业的发展。

首先，分析农地流转特色种植业发展中的不相容问题，运用可拓方法中的共轭和蕴含分析方法对所影响基元的拓展性进行研究，利用关联函数确定其发展的和谐度，建立农地流转促进特色种植业的可拓决策模型。

其次，在此基础上，利用目标规划理论，构建农地流转促进特色种植业的最优种植结构目标规划模型并进行实证分析。

然后，运用系统动力学方法，分析特色种植业与生态环境、社会及经济发展的动态因果反馈关系，得出动态因果反馈图。同时系统性地分析特色种植业发展的各种因素之间的关系，得出系统动力学模型中的相关参数值，为建立系统动力学方程式奠定基础。

最后，运用 Vensim v6.0 软件建立系统仿真模型，建立系统动力学 SD 流程图并进行模拟系统仿真预测。

（1）可拓学方法

人们在工作、生活中会遇到各种各样的矛盾问题，而解决矛盾问题，既要从定性的角度去探讨事物拓展的可能性，提出多种拓展的策略，又要从定量的角度进行计算分析，将矛盾问题转化为相容问题。因此，解决矛盾问题的方法须把定量和定性分析相结合。

可拓学是由我国学者蔡文创立的一门原创性学科。研究事物拓展的可能性和开拓创新的规律与方法，主要是用于解决矛盾问题的方法论。可拓学以现实中的矛盾问题为研究对象，其理论支柱是基元理论、可拓集合理论和可拓逻辑，如表 1-1 所示：

表 1-1 可拓学的理论原理

理论支柱	基元理论	可拓集合理论	可拓逻辑
要素	"事元""物元""关系元"	"是"与"非"	—
核心	基元的可拓性和可拓变换规律	探讨可拓域和关联函数	解决矛盾问题
研究内容	定性和定量相结合的可拓模型	量变与质变的定量化工具	相容问题
作用	事物变化与矛盾转化	定量化的数学	逻辑基础

资料来源：作者根据资料整理编制。

（2）系统动力学

系统动力学是一种以反馈控制理论为基础、以计算机仿真技术为手段，通常用以研究复杂的社会经济系统的定量方法。此方法通常以研究复杂的社会经济系统为主。运用系统动力学的原理，并结合 Vensim 软件建立系统仿真模型，对其进行合理的预测，研究系统内部与外部的动态关系，实现虚拟与现实的有机结合。

1.2.2.2 现实意义

借鉴发达国家关于现代化农业耕作的经验，实施农村土地的流转行为，不仅推动区域经济的发展，防止土地闲置浪费现象的发生，而且还鼓励农村青壮年劳动力向城市发展，加快城乡一体化建设。

农村土地流转行为，对于发展特色种植业和农业现代化建设，有一定的积极作用，达到促进农村区域经济的发展以及增加农民的经济收益的目的。

现阶段，大力宣传农村土地流转政策，鼓励农村土地科学有序地流转，并合理有效地利用土地，避免耕地闲置荒废的现象，是当前农村经济工作的主要内容。这样不仅有利于提高土地的有效利用率，调整合理的生产结构，并促进农业生产的稳定发展，而且有利于推动农业现代化经营模式，为农业规模化、集约化以及高效化的经营模式的发展提供机会，推动农业经济的发展，实现农民经济收入增加的目标。综上所述，处理好农地流转问题对于我国现行的农村经济发展具有一定的推动作用。

（1）有利于提高农业经济效益，增加农民收入

我国人均耕地少，造成耕地的复种比例较高，长期以来耕地得不到充分的滋养，导致土壤质量下降，使得农民经济收入减少。再加上农业长期在传统粗放的耕作方式下经营，形成特色种植业规模化程度低、结构规划不合理的现象，所以鼓励农地流转的科学性，合理性显得尤为重要。基于这种情况，关键在于要合理布局并规划农地流转的区域范围，优化具有特色的种植业结构，充分利用区域自然资源和区域优势，进行科学管理，有利于提高农地利用率，增加农民收入，促进区域社会经济的全面发展。

（2）有利于改变农地的生产理念

农地流转促进特色种植业的发展，对于改变传统意义上的农业生产经营理念有着重要意义，对于改变社会经济和生产方式有着深远的影响，可推动农村经济发展，克服农民发展经济的盲目性和短期行为。

（3）有利于改变农地的管理模式

股份合作模式的兴起，农民主要通过土地承包经营权入股的合作方式进行

流转，尤其是在发达的经济地区，如浙江、苏州、成都、上海等。农地流转为农民带来了可观的经济收入，其中地租成为农业成本和收益的重要组成部分，呈现出快速增长的趋势。然而各地农用地流转租金各有差异，在经济发达、区位较好的地区流转价格则高。

（4）有利于保障农民的权益

土地的使用权、收益权以及处置权是农民的基本权益，它关系到农民的生存。农地流转的重点是还权于民，关键是在征求农民意见的情况下，不仅要使农民能够增加经济收入，而且在土地的转让期内充分发挥土地有效经营的模式，促进农村经济的发展。

1.3　国内外研究现状

1.3.1　国外研究现状

国外学者在早期研究中，逐步形成了以土地流转为核心的研究理论，如卡尔·马克思的产权和地租理论，阿尔奇安和德姆塞茨则对地权稳定性进行了深入探讨，认为土地所有者进行长期的投资行为是促使地权稳定的关键，权利受到的限制越多，土地所有者投资的积极性就会减弱，地权的稳定性就会变差。这些理论的研究为土地流转奠定了基础，通过不断予以深化和完善，指导着农村土地流转法律制度的建设。

通过对国外文献资料的归类整理，可以看出对于农地流转问题的研究从卡尔·马克思时期就已经开始，后期随着国外学者不断地深入研究，分别从不同的角度对农地流转进行系统性的概述，运用相关的理论研究方法进行讨论：

（1）关于农地流转方面的研究

Dong-Je、Cho 指出土地是农业发展的基础，在农业微观与宏观的社会环境变化中，强调农地流转的新机制促进农业产业化和大规模的经营，对于农民经济收入的提高有着积极的作用，论证了农地流转与农民收入之间的关系，即合理的、依法的农地流转可以促进农村经济发展，增加农民的收入。Animesh Biswas、Bijay Baran Pal 运用模糊目标规划方法构建相关的模型，不仅解决了农地流转中土地有效利用的问题，而且合理规划预期季节性农作物的优化生产问题，同时使用 Tiwari 等研究的加性模糊目标规划模型获得问题的解决方案。M. Nikolaidou、D. Anagnostopoulos 对所提出的农地流转方案进行深入描述，建立系统仿真模型，准确地估算应用模型的分布式系统仿真环境，为现实与模拟数据之间的决策提供数学运算工具。Mahdi Bastan、Reza Ramazani Khorshid-Doust、Saeid Delshad Sisi 介绍了采用系统仿真的方法对农业的可持续性发展进行建模，利用 Vensim 仿真软件理解系统的动态行为，分析可持续发展的领域，并提出有效的农业可持续的发展政策。G. Salvini、A. van Paassen、A. Ligtenberg、G. C. Carrero、A. K. Bregt 讲述运用动态博弈理论评价农地流转的方式，粮食安全和减贫的问题需要提高土地利用系统适应能力和减缓潜力，旨在确定可持续提高土地的效率，充分发挥土地利用的实践性。

（2）关于农地流转与农业现代化关系的研究

合理的农地流转是促进农业现代化的前提，研究可持续性农业的发展与农业现代化的关系，为实现特色产品的农业发展奠定了研究的理论基础。Marianthi V. Podimata、Panayotis C. Yannopoulos 把博弈论用作一个平台，综述了农业应用中博弈论应用的研究工作，突出了博弈论在农业应用的演变，为解决农业现代化过程中的矛盾问题作出贡献。由此可看出博弈论方法论证了在土地合理利用的条件下，农地流转对于农业现代化发展有着重要的意义。German Richard N、Thompson Catherine E、Benton Tim G 讨论了可持续农业的发展问题，利用相关分析方法评估多种可持续性衡量指标之间的关系，为正相关和负相关的计算提供依据。同时基于效率边界的分析以及文献的研究，同样也论证了农业的可持续性发展与农民的收益之间存在着负外部的关系。Karlheinz Knickel、Amit Ashkenazy、Tzruya Calvāo Chebach、Nicholas Parrot 也深入探讨了农业现代化与可持续农业的关系，从农业现代化与可持续性发展的矛盾点出发，借鉴了 14 个国家现实案例中的证据，为实现农业现代化的不同角度提供更多的支持，满足对具有公平和包容性的农业与现代化水平的需求，推动农村经济的发展，提高农民的经济收入水平。

（3）关于特色农产品的研究

K. Mosoma 讨论了南非特色农产品的竞争力问题，通过对阿根廷和澳大利亚两国的比较，衡量各自农产品的竞争力，并根据世贸组织和工业政策战略（TIPS）数据库的数据审查表明，农产品的发展加快区域经济的发展，推动行业和组织之间的互促关系。P. Lynn Kennedy 和 C. Parr Rosson 讨论了从事特色农产品的种植与当地的经济、社会以及生态有着密不可分的关系。北美的自由贸易协定（NAFTA）评估了美国南部重要的五种农产品，并对这些评估的结果与理

论进行预期的对比，特别强调了对未来贸易谈判的影响。Westcott. P. C. 、J. M
根据美国农业的发展现状，对农民收入和农产品之间的关系展开研究，强调特
色农产品的种植对于改善农民的生活以及提高农产品的价格有着一定的积极
作用。

1.3.2　国内研究现状

现行农村土地流转的规模逐年呈上升趋势，特别是在经济较为发达的地区
尤为明显，促进了农业规模化经营，从根本上改变了过去小农生产的格局方
式，为农业现代化的发展奠定了基础。

国内学者同样也对农村土地流转的动因做了大量的分析。华南农业大学经
济管理学院院长罗必良教授指出，土地流转的本质，就是推进土地要素的市场
化，必然会引发其他要素市场包括农村资本市场的发育。

（1）关于农地流转与农民收入之间的关系研究

Jingzhong Ye 在了解土地和农业的最新发展的基础上，揭示了国家在战略
上应对的各种挑战，使土地制度和政策面向实现农业现代化的方向发展，特别
是重点关注农民的收入问题。钱忠好、王兴稳在 2006—2013 年分别对江苏、
广西、湖北和黑龙江四省（区）的 1 872 名农民进行入户调查，数据证实了农
地流转对农户家庭收入有一定的影响。针对农地流转对农户家庭总收入的影
响，农地流转能有效地提高转入户和转出户家庭总收入。刘淑俊、张蕾强调
农地流转要在家庭承包经营的基础上，在农民自愿参与的前提下，方可进行
土地流转的行为，这样对农地流转的推动有着积极作用，从而有助于农民家
庭收入水平的提高。这些学者分析农地流转对于农民家庭年收入所带来的影
响，验证了依法并合理地进行农地流转，对于农民的家庭收入具有一定的积
极意义。

（2）关于农地流转与农业发展的研究

Xiwen Chen 叙述了中国经济社会结构的变化，强调平衡城乡发展是整个
经济进一步发展的关键，在回顾了中国农业和农村发展政策的同时，提出了农
村改革中的新问题，探讨农地流转对农村发展的意义，对农民经济收入的影响
以及对未来的政策制定的重要性。Juan Chen、Shaolei Yang 强调了农村土地流
转产权制度的创新对中国农业和农村发展具有重要意义，而现今农村土地产权
的不完整、城乡土地开发不平衡的现象直接影响农村土地的流转，应积极采取
相关措施完善农村土地的产权制度，推进农村承包经营权的系统化，探讨农地

流转对农业和农村发展的重要意义。

（3）关于农地流转与生态环境之间关系的研究

Yan Ma、Liding Chen、Xinfeng Zhao、Haifeng Zheng 以中国重要的粮食生产基地海伦市为实证案例研究，使用参与式农村评估方法从 98 个家庭的半结构化调研中获得数据，利用 Logistic 回归模型研究农业生产及其环境之间的关系，表明农业经济效率的高低决定了农民对农业生产的态度，这也许是我国农业可持续性发展的潜在风险，而合理的农地流转不仅促进农村的经济发展，而且带动了农民对农业生产的积极性。Cheng Xu 在中国生态农业形式（CEA）的基础上，强调遵守生态规则和经济规则，根据农业现代化和可持续性发展的需要，运用相关分析方法验证农业现代化发展与生态之间的逻辑关系，同时利用系统动力与建立流程图模型，对其进行系统性的分析与预测，得出合理的农地流转对于农村经济与现代化发展有着积极的作用，符合农业可持续性发展的需要。

（4）关于特色农产品的研究

湖南农业大学副教授曾根据社会对油菜品种的需要，选育出具有特色的油菜品种，建立中国油菜产业组织，形成具有特色的油菜种植业结构，提高我国油菜种植业的国际竞争力。张淑荣、李广、刘稳分析了我国和全球在大豆产业发展方面的情况，针对我国的大豆品种展开具体的 RCA 与 TC 指数分析论证，得出影响大豆产业生产的因素以及提高大豆产量的政策性建议，为我国特色农产品的发展提供了研究的理论基础。南京农业大学教授罗英姿在考量我国棉花产业发展的基础上，运用中国农产品比较优势测定体系（CAMS）进行测定，总结出我国棉花产业发展的优势与潜力，提高我国棉花的种植产量，合理规划棉花产业种植结构的布局，促进特色种植业的可持续性发展。甘肃省经济研究院李丽莉分析甘肃地区农业发展中特色产品基地建设的实施，培育各地特色农产品，为农业战略性的主导型产业地位奠定基础，促进甘肃的农村经济发展，提高当地农民的经济收入。

（5）关于相关理论在农地流转研究中的应用

重庆大学教授向鹏成在分析农村土地流转系统的复杂结构的基础上，利用系统动力学的理论，构建了农村土地流转中的风险识别系统动力学反馈模型，为风险应对机制原理奠定了理论基础。浙江财经大学教授徐保根通过可拓工程与目标规划模型相结合，建立从不同角度生成各种方案的可拓目标规划模型，探讨了可拓目标规划模型的应用及其方案，为土地资源配置方案的评价优选及合理方案的制定提供了充分的决策信息。Yi Liu、Xinju Li 从博弈论的角度探讨农村建设用地的转让行为，构建静态的博弈模型，研究村集体、建设用地受让人和政府之间的行为选择问题，从理论上解释了这一现象。在所搜集的国内文献资料中，国内学者也分别运用可拓理论、目标规划理论、系统动力学以及博弈论对其进行了前期的研究论证，而本书在这些理论方法的基础上，整理相关的农业统计年鉴资料，讨论我国现行的农地流转对于农民的必要性，鼓励农民从事农业现代化生产，带动农村经济发展，提高农民的收入水平。

综上所述，国内外文献在农地流转方面的研究积累了很多成果，在特色农产品方面的研究也做了不少的工作，但是在把区域特色种植业作为一个系统进行研究的内容较少，在此基础上，为了进一步优化区域农业经济的布局，促进农村经济的发展，针对区域农地流转促进特色种植业方面的研究是十分必要的。

1.3.3　国内外研究文献评述

在对农地流转的相关研究中，国内外学者对于农地流转的概念认知是一致的，更多强调农村土地必须用于农业耕作活动，不准擅自改变农村土地的用途，同时要求转让时不得对土地进行分割，必须采取整体转让的方式。

通过对国内外文献中对农地流转的横向比较，农地流转的发生具有几个特征：首先，在经济和农业技术水平较为发达的前提下，农地流转的目的和结果都是为了扩大农地的经营规模，提高农民的经济收入。其次，目前关于土地的经营主要集中在农民手中，仅靠市场的相关制度和政策很难实现农地的合理流转，须建立与完善政府的相关法律以及其他土地制度，促使农村土地的合理流转。

然而国内农地流转的发展除受经济方面的制约外，还应考虑相关制度和政策等方面的原因，首先，在合适的时间推行大规模农村土地的集中化经营，要求人性化的土地改革，有效地推动农村土地经营制度的合理创新。其次，为实现农村土地经营制度的彻底变革提供产权条件，促使土地制度的改革效果理想化。

在特色种植业的相关文献研究中，国内外学者一致认为必须以优势资源为依托，统一规划、合理布局、因地制宜地发展具有一定优势的产品、产业、产区，以特色产品种植业为龙头，推动农业经济的发展。为构建特色种植业的区域化奠定了基础。国外的学者同时强调应从生态的视角分析促进土地资源的优化配置，使土地产出率、资源利用率、劳动生产率实现了全面提升，同时农村生产力也得以解放，基本形成了布局区域化、生产专业化、经营集约化、发展规模化的现代农业产业格局。

国内的学者认为发展特色种植业从根本上改变了传统的耕作模式，必须有效地将生态与经济效益统筹考虑。要因地制宜、实事求是的构建和规范农村集体建设用地的流转机制，改变传统农业的种植和经营方式，在市场供求平衡的基础上发展特色种植业，有利于把区域资源优势转化为市场优势，促进区域经济发展。

通过对现有关于特色种植业相关文献的研究，本书以我国当前经济发展背景为前提，以发展农村经济，增加农民经济收入为目的，从根本上解决人地矛盾问题。要以《坚持把解决好"三农"问题作为全党工作重中之重，举全党社会之力推动乡村振兴》作为指导思想，把维护农民的利益作为生产发展的出发点和落脚点，协调城乡关系和工农关系，构建互赢互利的合作关系。

1.4　研究的概念界定

1.4.1　农地流转的概念界定

2018年12月29日（第二次修正）《中华人民共和国农村土地承包法》第一章《总则》中第二条规定："农村土地，是指农民集体所有和国家所有依法由农民集体使用的耕地、林地、草地以及其他依法用于农业的土地。"其他依法用于农业的土地，主要包括荒山、荒沟、荒丘、荒滩等四类荒地，以及养殖水面等。2021年1月1日起施行的《中华人民共和国民法典》第十一章《土地承包经营权》第三百三十四条规定："土地承包经营权人依照法律规定，有权将土地承包经营权互换、转让。未经依法批准，不得将承包地用于非农建设。"显然，农村土地流转是农村土地使用权在不同经济实体之间的流转行为。但目前针对农村土地流转的内涵意义，还没有形成一个统一的观点。

第一种观点：对农村土地流转进行广义和狭义的划分。广义的农地流转既包括土地用途不变情况下的使用权变更，也包括土地用途变更而实现的农地流转，即将农用地流转为非农业用地。狭义的农地流转仅指家庭联产承包经营的体制下，保证在不改变土地的用途，不改变土地的所有权，保留承包权（除转让外）和转移经营权（使用权），即仅仅是经营主体的改变，转入方享有收益权，但处置权受到一定的限制。

第二种观点：仅强调农村土地流转是以不改变农村土地用途为前提的，拥有农村土地承包权的农户基于市场交换的原则将土地使用权（承包经营权）流转给其他农户或经济组织，即土地承包户保留土地承包权，仅仅流转土地使用权，被称为"农村土地使用权流转"。农村土地使用权的流转问题一直是我国农村土地流转的热点话题，同时也是促进农村经济发展和家庭承包责任制完善的必经之路。

2021 年 3 月 1 日正式实施《农村土地经营权流转管理办法》，其中就土地流转明确提出了三大禁止条例：第一条就是禁止非农化。在土地经营权流转过程中要保护农地农用，严禁耕地非农化。第二条就是禁止非粮化。要优先利用农村土地开展粮食生产。2020 年国家出台的《国务院办公厅关于防止耕地"非粮化"稳定粮食生产的意见》中也明确提出要科学合理的使用农村耕地资源，保障国家粮食安全，明确粮食种植面积不减产，产能有提升、产量不下降。第三条就是禁止闲置、荒废。根据《土地管理法》规定：禁止任何单位和个人闲置、荒芜耕地。在土地流转之后，土地受让人将耕地闲置荒芜，根据规定，农村居民有权终止土地流转合同，收回土地经营权。

综上所述，本书的研究背景以农村土地流转的第二种观点为主，对农村土地流转进行了诠释：目前农村土地的承包经营权集中在农民自己的手中。要求农民在法律许可的范围内，遵循自愿和有偿的原则，在不改变农村土地农业用途条件下，实施农村土地承包经营权（使用权）的流转行为。

1.4.2　特色种植业的概念界定

本书研究特色种植业是依据所研究区域的地理位置和资源优势，以生态、社会、经济为视角，大力发展特色种植业，使之成为促进农村经济增长的关键要素，以缩小城乡差异来实现城乡一体化。

特色种植业的发展主要是针对本区域的现有地理条件和自然资源，因地制宜地创造符合自身条件的特色种植业，可以考虑发展以粮食产业、林果业以及养殖业等为主的经营模式，促进区域经济的发展，提高农民的收入水平。天津农学院张淑荣研究我国的大豆产业和棉花产业的特色种植结构，通过相关的分析方法进行论证，为特色种植业的发展提供理论基础。甘肃省经济研究院李丽莉以甘肃区域为研究范畴，证明特色种植业的培育对于区域经济的发展有着积极的作用。综上所述，本书将结合各区域所拥有的特色资源和地理优势，发展具有特色的种植业结构，促进城乡统筹发展。

1.4.3 农地流转与特色种植业的关联性

合理的农地流转才可以有效地推动特色种植业的发展，两者之间存在密切的关系。正如农地流转的概念所指出：农地流转的行为应建立在农民自愿的基础上并遵循有偿的原则，同时不得随意改变农地的使用用途，也就是说农地流转后的土地应继续从事农业生产的行为，而这一观点恰恰是特色种植业发展的前提与关键。新疆农业大学冯远香强调农地流转与种植结构有着内在的关系，这一措施不仅可以优化农业的内部结构，同时还可以改变传统的农业耕作方式，确保农产品的生产行为，推动农业现代化的生产具有战略性的意义。

2021年2月21日，中央1号文件公布。文中强调，中华民族要振兴，农村必须转型发展。因此大力开展农业产业的安全生产活动，采用具有创新性的生产方式促进特色种植业的发展，同时引进新技术、新工艺、新理念，提高特色农业产业的管理水平，达到农业产业持续性发展的目的。在推动农村经济发展的同时，健全并完善土地使用权流转机制，确保农民的权益，适度开展规模经营，提高土地使用效率，促进农村经济健康发展。

1.5 研究的相关理论综述

1.5.1 可拓学理论

可拓学（Extenics）是蔡文在1983年创立的新学科。该学科主要以矛盾问题为研究对象，探讨事物拓展的可能性，使矛盾问题得以智能化处理的研究。主要运用基元理论、可拓集合理论和可拓逻辑理论，其中基元理论用物元、事元与关系元描述研究对象，可拓集合理论是在康托集合与模糊集合之后的一项创造，它是描述客观事物性质变化的关联函数工具，为矛盾问题的转化提供了定量分析依据。中国地质大学的李正等学者运用物元评判模型，以山西省的两个乡镇的土地开发整理项目为例，运用物元评判模型对其综合效益进行了实证研究，将其评价结果的隶属等级与模糊综合评价结果做比较，结论显示这两种方法的结论相似，并且也符合项目区域的实际情况，证明物元评判模型是可以用于农用地整理项目的效益评价的。

1.5.2　系统动力学理论

系统动力学 SD（System Dynamics）始于 1956 年，是伴随着计算机技术的发展而逐步形成的一门新兴学科，创始人为美国麻省理工学院（MIT）的 J. W. Forrester。系统动力学根据系统内部组成要素互为因果的反馈特点，从系统的内部结构来寻找问题发生的根源，而不是用外部的干扰或随机事件来说明系统的行为性质。系统动力学理论主要通过建立系统动力学模型，利用仿真语言在计算机上实现对真实系统的仿真模拟实验，研究系统结构、功能和行为之间的动态关系。系统仿真的应用主要是根据系统分析的目的，在分析系统各要素性质及其相互关系的基础上，建立能够充分描述系统结构并具有一定逻辑关系或数量关系的仿真模型，在此基础上进行定量分析，以获得正确决策所需的各种信息。重庆大学学者向鹏成利用系统动力学理论分析农地流转中所存在的风险因素，并描绘系统的反馈流程图，构建系统仿真模型，对现实数据与模拟数据进行分析与预测。

1.5.3　目标规划理论

目标规划法是为了同时实现多个目标，分别为每一个目标分配一个偏离各目标严重程度的权重系数，通过平衡各目标的实现程度，使得每个目标函数的偏差之和最小，运用目标规划的原理可将该模型进行分解，成为单目标规划的模型，从而进行有效的论证与求解。所以在针对系统之间难以确定最优解问题时，目标规划原理是最有效的求解方法。

1.5.4　博弈论

博弈论也被称为对策论（Game Theory），它既是现代数学的一个新分支，也是运筹学的一个重要学科。博弈论是二人在平等的对局中各自利用对方的策略变换自己的对抗策略，达到取胜的目的。博弈论概念中包括局中人、行动、信息、策略、收益、均衡和结果等，其中局中人、策略和收益是最基本的要素，局中人、行动和结果被统称为博弈规则。博弈论对事物的描述是在假设定义和定理的框架下进行的，最根本的宗旨是研究具有理性的"经济人"追求自身利益的行为。王培志、杨依山对完全信息状态下的动态博弈模型利用 Sharply 值法分析各利益相关主体的博弈关系以及其动态的变化，最后给出了政策性建议。青岛大学高红伟在研究动态的经济系统中，运用完全信息动态合作博弈的方法分析并解决问题，建立最优的合作行为方式。这些研究理论为本书中的基础研究提供依据。

1.6 研究的技术路线

1.6.1 研究的内容

农地流转的发展应根据本区域的实际情况，有效利用当地的自然资源，激发农民的积极性，推动区域经济的发展。本书将运用可拓方法和系统仿真方法理论作为主要的研究工具，对农地流转特色种植业发展做出可拓评价和发展趋势的预测研究。主要内容有：

（1）第一部分（第1章）：绪论部分。主要介绍本书的研究背景以及研究的目的和意义，提出所要解决的问题，根据所整理的农地流转的现状以及特色种植业发展等文献资料，进行国内外研究综述；在此基础上，阐述本书的研究内容、研究思路与技术路线。

（2）第二部分（第2章）：基础部分。主要针对农地流转的含义与特征，研究农地流转的模式与意义，探讨农地流转促进特色种植业发展目标。

（3）第三部分（第3章至第6章）：主体部分。首先通过基础部分的阐述，运用可拓分析原理与方法，建立特色种植业发展的可拓决策模型和种植结构优化的目标规划模型。其次针对实证研究案例进行可拓分析和最优种植结构的实证研究，确定最优种植产品的结构。同时运用系统动态仿真理论与方法，分析生态、经济与社会子系统之间的关系，进行动态研究分析，建立动态因果反馈关系图。最后把经济效益与生态效益作为一个整体，以辽西地区为实证研究对象，运用系统仿真原理分析方法，建立农地流转促进特色种植业发展的杂粮子系统、果业子系统以及林业子系统的SD流程图，并运用Vensim软件对各个子系统进行未来发展趋势的预测与分析。

（4）第四部分（第7章）：运用博弈论，假设不同的特色种植业为博弈模型的局中人，分别计算种植业中各类产业的增加值比重、劳动生产率以及生态环境污染程度，并将其作为效用函数，计算种植业中三大类产业的贡献率，建立动态合作博弈模型，解决种植结构的优化问题。

（5）第五部分（第8章）：结论部分。归纳总结各章的阶段性成果和主要结论，结合本区域发展现状，提出未来期的研究方向。

1.6.2 研究的方法与技术路线

1.6.2.1 研究的方法

（1）可拓方法

可拓学采用形式化语言表达事、物、关系的问题，根据物的共轭性特点，将物元和关系元作为分析工具，运用共轭分析理论，对影响因素基元的拓展性和变换进行分析，建立农地流转特色种植业发展的静态可拓决策模型，将不相容问题的过程形式化、定量化，得到解决不相容问题的多种策略。同时运用关联函数来计算各衡量条件符合要求的程度，建立区域特色种植业的结构，作为评价事物的动态性和可变性的标准，分析各因素之间潜在利弊关系的指标。

（2）系统动力学

系统动力学是一种定性与定量相结合的方法，在实际数据的基础上，运用计算机软件对系统行为进行科学地预测，从而达到对未来行为的系统性描述的目的。本书运用系统动力学理论，分析特色种植业发展与生态环境、土地价格、国家政策以及经济发展的动态因果反馈关系，构建特色种植业发展的动态系统仿真模型，得出农地流转特色种植业可持续发展的最优模式。

（3）目标规划方法

针对农地流转促进特色种植业发展的研究，必须要同时兼顾生态效益和社会效益，制定出合理的种植结构方案，提高农地种植的经济效益和农民的经济收入。所以本书的研究运用目标规划方法对其进行分析与探讨，根据统计年鉴资料并整理相关的信息数据，选择现有的具有代表性的特色产品的耕作面积作为决策变量来进行分析，其中重点考虑少数优生林果的种植面积。以特色产品耕作面积的期望值最大化为研究目标，计算各决策变量所对应的各项数值，确定出最优种植业结构。

（4）博弈方法

博弈论是研究行为和利益有相互依存性的经济个体的决策和相关的均衡问题，其基本出发点是研究具有个体理性的"经济人"追求自身利益的行为。本书研究的主要内容在于朝阳县种植业中三大类产业的优化问题，并将其转化为对合作博弈模型的核心问题进行求解，有效地把经济、社会发展以及生态环境有机结合，促使朝阳县经济可持续性发展。

1.6.2.2 研究的技术路线

研究的技术路线见图 1-1。

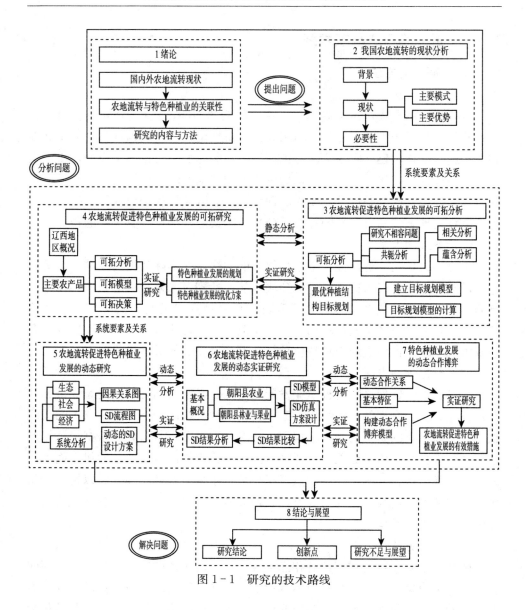

图 1-1　研究的技术路线

第 2 章　我国农地流转的现状分析

在党的十七届三中全会审议通过的《中共中央关于推进农村改革发展若干重大问题的决定》中，提倡农民在遵循自愿有偿的原则下，可以通过出租、转让、转包等多种方式流转土地的经营权（使用权），在不改变土地用途的条件下，从事有关土地的多样化的生产经营活动。这是我国实行家庭承包责任制基础上发展的一项战略举措，对改善我国的土地集中化，以及提高农业机械化水平具有重要意义。

党的十八届三中全会审议通过《中共中央关于全面深化改革若干重大问题的决定》，明确指出依据我国国情，在实施农村土地流转的过程中要赋予农民对承包地占有、使用收益、流转及承包经营权抵押和担保权能，允许农民以承包经营权入股发展农业产业化经营。同时明确指出规范农村土地经营权有序流转的行为，发展特色种植产业，推动农业规模化的经营方式，从而有效地带动区域经济的发展。

党的十九大报告中明确指出："要坚持农业农村优先发展，按照产业兴旺、生态宜居、乡风文明、治理有效、生活富裕的总要求，建立健全城乡融合发展体制和政策体系，加快推进农业农村现代化。"实践证明，农村土地流转是发展规模化经营和实现农业现代化的基础，是转变农业发展方式，促进生产发展的需要，也是解决农业、农村长期发展的关键手段。所以该区域流转比例较高，流转方式多样化。

2.1　我国农地流转的背景

（1）农村经济快速发展的客观要求

目前城乡发展、区域发展、收入分配不平衡等各种经济社会矛盾日益突出，影响和谐社会的发展，而解决这些矛盾问题最艰巨的任务就是发展农村。就时代新阶段，必须坚持和发展农地集体所有制，以党建为引领，把发展村级集体经济的组织培育起来、业态探索出来、技术支撑起来、机制建立起来，充分激发农地资本活力，着力壮大农村集体经济。

（2）城乡统筹发展的客观需要

城乡统筹发展的本质要求是消除城乡二元结构，缩小城乡差距，实现城乡间的协调发展。城乡统筹发展主要通过发展新农村建设，转移农村劳动力，带动区域内农业的种植力量，促进农业农村经济社会的发展，实现农村和城市共同繁荣为目标。新农村建设是城乡统筹发展中的"乡"部分实现迅速发展的重要环节。

（3）推进城镇化进程的必然需求

工业化、城镇化发展进程的加快，为农村经济建设创造了良好条件。同时具有里程碑和时代意义的政策措施不断推新，推动农村经济总量不断增长，经济结构不断优化，提高农民生活水平，改善农村新面貌，为统筹城乡发展奠定了坚实的基础。

2.2 我国农地流转的现状

我国农村土地承包经营权流转自 20 世纪 80 年代初开始，从沿海向内地发展。根据农业农村部政策与改革司的统计资料，2020 年土地流转面积为 53 218.92万亩*，比 2019 年增加 4.3%；家庭承包经营的耕地面积为 15 166.24万亩，比 2019 年增长 1.0%；家庭承包经营的农户数为 22 040.98 万户，比 2019 年增加 0.2%；颁发土地承包经营权证 21 008.82 万份，比 2019 年增加 3.1%。农村土地流转经历了从禁止到提倡的发展时期，目前我国农地流转的形式是稳定的，在社会经济迅速发展的背景下，经济体制的不断完善，进一步加快了城市化发展的步伐，促使农民收入趋于稳定，有利于不断地更新农业的生产经营方式以及农作物的种植模式。在经济发达的地区，农地流转的发展明显优先于欠发达地区，其经营模式也从传统的耕作方式逐步转变为现代化的生产理念，这种发展有效地推动了农业特色化的种植业经营，带动区域经济的发展。

实施农村土地的流转，在流转过程中必须遵循以下原则：即不允许改变土地集体所有的性质，不能随便变更土地的使用功能以及不得损害农民的权益。党的十九大报告进一步强调，巩固和完善农村基本经营制度，深化农村土地制

---

* 亩为非法定计量单位，1亩≈667 平方米。

度改革，要完善承包地"三权"分置制度。"三权"分置后，实现了承包权和经营权分离，坚持了土地集体所有权，稳定了农户承包权，放活了土地经营权，促进农村资源要素合理配置，推进多种形式的规模经营发展，进一步解放和发展了农村社会生产力。

实行流转的农村土地，只能用于农业经济的发展，不得改变土地的用途；同时赋予农民在流转中可依法享有土地流转的相应权利，维护农民在流转中的合法权益。我国把农地流转的经营模式作为农村经济改革的转折点，允许农民对所承包土地拥有一定的转让权、出租权、抵押权以及其他相关权益，鼓励农民以承包的土地作为抵押，通过银行等金融性机构进行融资贷款，有效地把分散的土地进行重新组合，逐步扩大其经营范围和规模，有力地推动农村经济发展，提高农民的收入。

实施农地流转的方式可以推动现代化农业的发展，以提高农民经济收益的方式来带动需求，逐步地由外向型经济结构转变为内需型的经济结构模式，而农村是制约内需型经济发展的关键因素。因此如果要提高农业的经济发展水平，就必须重视土地的流转，积极发展特色种植业。

同时健全完善的土地使用权流转机制，保障了农民的权利与义务，在开展适度的规模化经营同时，充分提高土地的使用率，实现农产品种植业的现代化发展，推动农村经济有序地发展，提高农民的经济收入。

农地流转的发展同时也促进了农业经营体制的创新，为农民带来了丰厚的收益，其中地租则成为农业成本和收益的主要组成部分，呈现出上升的趋势（表 2-1）。

表 2-1　农业经营体制的创新形式

参与方式	合作关系的农户
土地入股	每年可定期获得土地租金
资金	每年可视经营情况分享股利
劳动	每月可按时获得工资报酬

资料来源：根据资料整理编制。

十九大报告中提出"构建现代农业产业体系""发展多种形式适度规模经营"，农村土地流转是发展规模化经营和实现农业现代化的基础，转变农业发展方式，有助于提高土地产出率和劳动生产率。实现农业规模化、产业化、集约化经营。2021 年，农业供给侧结构性改革深入推进，粮食播种面积保持稳定，产量达到 1.3 万亿斤 * 以上，农产品质量进一步提高，农民收入增长超过城镇居民。2021 年 3 月 1 日实施的新《农村土地经营权流转管理办法》中强调农村土地流转与耕地保护和粮食生产的内容。明确土地经营权流转要确保农地农用，优先用于粮食生产，坚决制止耕地"非农化"。

2.2.1 我国农地流转的主要模式

（1）向专业种植农户流转的经营模式

这种模式主要是针对资金实力雄厚的农户，要求具备相应的专业知识，通过合法渠道获得土地的承包经营权，并对其实行规范化的经营模式。这种流转模式的重要标志是实施分阶段的承包，其基本特征是：在不改变土地所有权归属问题的基础上，允许承包者按照季节分别实施流转，这样同一地块则根据不同的季节承包给不同的经营者；同时允许承包者在不改变土地用途的前提条件下，可对土地采取长期承包租赁。

我国实施农村土地流转应依据当时的经济发展水平状况，允许农民选择到城市工作，同时保护进城农户保留土地的承包权，农民能够实现平稳过渡，所以农业大户和家庭农场是我国农业发展的必然结果。

（2）向股份制企业流转的经营模式

这种流转模式是允许拥有土地经营权的农户，通过投资入股的方式组建法人公司，并按其投资比例分享股利。这种形式把分散的土地实行集中管理，从事规模化和专业化的生产经营模式，提高农村的经济效益的同时增加农民的收入。

目前，我国农业的粮食单位产量与发达国家持平，可是农业的生产率得不到有效的提高，远远落后于发达国家。因此，提倡在提高农业经济效益的同时，降低农业的生产成本，其主要的关键因素在于通过采用合法的规模化经营模式，采用新技术、新工艺和引进新设备从事农业生产活动，有助于农业的生产效率得到进一步的提高。

（3）向合作制企业流转的经营模式

这种模式是农户合作者采用书面协议形式组建具有合作性质的组织，从事经营承包土地的活动，同时与其合作的农户根据当时的投资比例可定期获得投资收益的土地流转模式。这种流转模式充分强调集体的合作理念，有效地实现

---

* 斤为非法定计量单位，1 斤＝0.5 千克。

土地经济效益的提高以及增加农户经济收入的目的。这种合作组织既可以是具有独立法人资格的公司，也可以是农民群众自发组织的团队形式。从合作制关系上分析，首先，集体所拥有的所有资源均归团队内的每一个成员持有，在合作各方统一意见的前提下方可使用；其次，在土地的承包经营期限内，组织中合作成员则根据协议的内容共同利用现有的资源，从事规模化的生产经营活动。

（4）向当地较大规模企业流转的经营模式

这种流转模式是农民通过采取出租、转包或投资的形式流转给当地经营规模较大的企业，并由其从事农业活动的经营与管理，在保证农作物产量的同时，提高其经济效益水平。其中，最常见的流转形式是农户把土地的承包经营权流转给从事农产品加工的企业。

（5）向农村合作社流转的经营模式

这种流转模式主要是在经济发达的地区较为普遍，其主要特征是农民以土地的收益权为出资方式，自愿把土地交给合作社，并由合作社负责该土地的生产经营活动。在这种模式下，农民不仅可以定期获得稳定的经济收益，而且实现土地的规模化经营。由此可见，这是一种"双赢"的经营理念。

2.2.2　实施农地流转的主要优势

（1）有利于实现农业生产要素的合理配置

农地流转使农地流向专业的种植农户手中，采用先进技术和农业机械进行连片种植的方式不仅有利于吸引资金投资，而且实现人、财、物等要素资源的有机结合。由此可见，农地流转除了能够缓解农民和土地之间的矛盾以外，还可以减轻由于土地进行区域性调整所带来的压力和难度，综上所述，只有土地市场合理的流转，才能使农户与各生产要素得到合理的配置。

（2）有利于提高农地的利用率

实行农地有偿性的转包，能够减少土地闲置的现象，使部分的荒地能够得到合理的开发和利用，提高土地的生产效率。

（3）有利于农地采用规模化经营的模式

农地流转要有规模、有秩序地流向专业种植农户的手中，采取合理的经营模式，从而有效地促进农业生产经营的合理化、规模化发展。

（4）有利于推动农村经济的发展，达到提高农民收入的目的

土地的出让方从事农业生产经营活动，推动农村的特色种植业的发展。而

土地受让方可以通过调整农业的产业结构，运用先进的农作物生产经营理念，改善已有的生产经营模式，提高农民的经济收入，推动农村经济的发展。

（5）有利于促进劳务输出

农地流转使农村多数的青壮年劳动力彻底地从农地上分离出来，但仍继续保留土地的承包经营权帮助外出劳务人员消除思想顾虑、集中精力工作，促进新型职业农民茁壮成长，使农民务工务农各得其所、新型经营主体蓬勃发展，解决了农村"谁来种地"的问题。

2.3   实施农地流转的必要性

由于工业化和城镇化进程的快速发展，农村的青壮年劳动力逐步向城市转移的现象日益增加，并为其提供就业机会，摆脱了农作物耕种的行为，使得农民降低了对土地的依赖性，导致农村土地流转供求关系不均衡的现象，因此呈现出大量的农村土地闲置荒废的现象。

同时我国的政府鼓励农村采用新技术、新设备、新理念。实行现代化农业发展的经营，为了避免产权关系不清或土地的经营权与所有权关系不明确的现象发生，根据农村现代化经济发展的要求，2021 年 3 月农业农村部实施新《农村土地经营权流转管理办法》为实施农村土地流转奠定了基础。

农地流转，一方面可以提高农民种植的积极性，另一方面可以让农民从土地上获得更多利益。合理实施农地流转，流转的规模应当与城镇化进程和农村劳动力转移规模相适应，与农业科技进步和生产手段改进程度相适应，与农业社会化服务水平提高相适应。无论是以土地入股的形式从中获取股利，还是以土地作为抵押的方式获得银行等金融机构的融资贷款，都会给受益方带来直接的利润，从而提高农民的经济收入，推动农村经济的发展。

由此看出，实行农地流转的政策，对于农村开展规模化的经营方式具有一定的意义，不仅有利于土地资源的合理配置，达到提高劳动生产率的目的，而且在保证农作物安全生产的前提下，保证农产品的供求平衡。

2.4   本章小结

本章是理论基础部分，为本书主体部分的定性分析奠定了基础。

首先，针对我国现行的农村土地流转的政策，详细阐述了农地流转的背景条件，明确实施农地流转的必要性和动因，优化农业经济的产业结构，以提高农民的经济收入为目的。

其次，依据目前我国农村土地承包经营权的制度，系统地介绍了农地流转的现状以及流转的主要模式，按照规模经营的要求集中发展农业，在分析其主要优势的基础上，提倡建立特色种植业的生产基地，从而提高农民的经济收入。

同时在此基础上，指出我国目前农地流转的必要性及所存在的不相容问题，为后续的研究奠定了理论基础和支撑体系。

第3章　农地流转促进特色种植业发展的可拓分析

3.1　可拓学

可拓学是由我国学者蔡文创立的一门原创性学科。这种方法主要运用形式化的模型来研究事物拓展的可能性和开拓创新的规律与方法，主要用于解决矛盾问题的方法论。可拓学以现实中的矛盾问题为研究对象，其研究理论包括基元理论、可拓集合理论和可拓逻辑理论。

基元理论主要是针对事、物和关系进行分析的基本元，讨论基元之间的可拓性和可拓变换的规律性，研究事物的定性和定量相结合的理论基础，将所反映事物之间的不相容的问题转换为相容问题的方法。因此基元理论为所研究的事物提供了新的解决方法，所建立的可拓模型为所研究的不相容问题的转变提供理论依据。

可拓集合理论是可拓学中用于对事物进行动态分类的重要方法，是形式化描述量变和质变的手段，是解决矛盾问题的定量化工具。

可拓逻辑是研究化矛盾问题为不矛盾问题的变换和推理规律的科学。它是继基元理论和可拓集合理论之后提出的，其特点是研究化矛盾问题为不矛盾问题的逻辑；逻辑值随变换而改变；形式逻辑和辩证逻辑相结合。

3.1.1　物元分析

对于确定性决策问题，在进行相互比较和优选的基础上，根据各层次、各阶段产生的不相容的矛盾问题的重要性，采取创造性的决策技巧，抓住关键策略，最大限度地满足系统的要求，把不相容问题转化为相容关系，实现全局性最佳的决策目标。

给出特定的某种事物 O_m 表示某对象（物、动作或关系），它的主要特征用 C_m 来表示，而 O_m 表示关于特征 C_m 的量值 V_m 构成的有序三元组，$M=$

（O_m，C_m，V_m），作为描述物的基本元，称为一维物元，其中 O_m，C_m，V_m 三者称为物元 M 的三要素，其中 O_m 和 V_m 构成的二元组（C_m，V_m）称为物 O_m 的特征元。

当事物 O_m 具有 n 个特征和相应的 n 个量值时，则表示为：

$$M = (O_m, C_m, V_m) = \begin{bmatrix} O_m & C_{m1} & V_{m1} \\ & C_{m2} & V_{m2} \\ \cdots & \vdots & \vdots \\ & C_{mn} & V_{nn} \end{bmatrix} \qquad (3-1)$$

称为 n 维物元，其中：

$$C = \begin{bmatrix} C_1 \\ C_2 \\ \vdots \\ C_n \end{bmatrix}, V = \begin{bmatrix} V_1 \\ V_2 \\ \vdots \\ V_n \end{bmatrix}$$

农地流转促进特色种植业发展的研究中，将其中的杂粮类、果业类、林业类作为集合体，根据物元可拓分析原理，其表达式如下：

$$M = (O_1, C_1, V_1) = \begin{bmatrix} 种植结构 O_1 & 杂粮类 & V_{11} \\ & 果业类 & V_{12} \\ & 林业类 & V_{13} \end{bmatrix}$$

V_{1i} 表示相对应的种植类别在农地流转地区的种植面积。

3.1.2　事元分析

物与物的相互作用称为事，能够形式化对某个事件进行完整描述的基本元，叫作事元。事元的构成具有一定的秩序性，分别是由动作 O_a、动作的特征 C_a 及关于 C_a 所取得的量值 V_a，构成的有序三元组即：

$$A = (O_a, C_a, V_a) \qquad (3-2)$$

作为描述事的基本元，称为一维事元。

3.1.3　关系元分析

研究的事物主体之间都存在着紧密地联系，这些关系之间不仅相互作用而且相互影响。因此，描述它们的物元、事元和关系元与其他的物元、事元和关系元的各种关系，分析它们之间如何发生变化，以及变化后它们之间所产生的相互影响的程度，这正是关系元的意义所在。

关系 O_r，n 个特征 C_{r1}，C_{r2}，$\cdots$，C_{rn} 和相应的量值 V_{r1}，V_{r2}，$\cdots$，V_{rn} 构成的 n 维阵列

$$(O_r, C_r, V_r) = \begin{bmatrix} O_r & C_{r1} & V_{r1} \\ & C_{r2} & V_{r2} \\ & \vdots & \vdots \\ & C_{rn} & V_{rn} \end{bmatrix} \triangleq M$$

称为 n 维关系元，用于描述 V_{r1} 和 V_{r2} 的关系，其中：

$$C = \begin{bmatrix} C_1 \\ C_2 \\ \vdots \\ C_n \end{bmatrix}, V = \begin{bmatrix} V_1 \\ V_2 \\ \vdots \\ V_n \end{bmatrix}$$

为方便起见，把上述关系元记作：M（O_r，V_{r1}，V_{r2}，$\cdots$）。

3.1.4 可拓集的分析

（1）可拓集

介于经典集和模糊集的特点之间，产生了一种新的概念——可拓集。它主要是将客观事物进行分类整合的一种数学方法。可拓集、经典集与模糊集的关系见表 3 - 1。

表 3 - 1 可拓集、经典集与模糊集的关系表

内容	含　义
可拓集	描述事物之间的转换性，用可拓域描述事物之间从量变到质变的转换过程
经典集	描述事物的确定性的理论知识
模糊集	事物之间模糊性的问题，用可拓域描述事物之间从量变到质变的转换过程

资料来源：根据资料整理编制。

综上所述，可拓集不仅能够准确表述事物之间的内在联系，而且还能进一步描述事物如何从量变到质变的转换过程，使所研究的问题由不相容转变为相容问题。

（2）可拓集的定义

设 U 为论域，u 是 U 中的任一元素，k 是 U 到实域 I 的一个映射，$T=$（T_U，T_k，T_u）为给定的变换，称为论域 U 上的一个可拓集，$y=k$（u）为 $\widetilde{A}$（T）的关联函数，$y' = T_k k(T_u u)$ 为 $\widetilde{A}$（T）的可拓函数，其中 T_U、T_k、T_u

分别为对论域 U、关联函数 k 和元素 u 的变换。

$$\widetilde{A}(T) = \{(u,y,y') \mid u \in T_U U, y = k(u) \in I, y' = T_k k(T_u u) \in I \} \tag{3-3}$$

①当 $T_U = e$, $T_k = e$, $T_u = e$ 时，记 $\widetilde{E}(T) = \widetilde{A} = \{(u,y) \mid u \in U, y = k(u) \in I \}$，可拓集的正域、负域和零界如表 3-2 所示：

表 3-2　可拓集的正域、负域和零界

$\widetilde{E}$	公式定义
$\widetilde{E}$ 的正域	$A = \{(u,y) \mid u \in U, y = k(u) > 0 \}$
$\widetilde{E}$ 的负域	$\widetilde{A} = \{(u,y) \mid u \in U, y = k(u) < 0 \}$
$\widetilde{E}$ 的零界	$J_0 = \{(u,y) \mid u \in U, y = k(u) = 0 \}$

资料来源：根据资料整理编制。

表中说明零界或拓界是质变的边界，超过边界，事物就发生质变。

②当 $T \neq e$ 时，可拓域和稳定域的公式如表 3-3 所示：

表 3-3　可拓集的可拓域与稳定域

$\widetilde{E}(T)$	公式定义
正可拓域	$A_+(T) = \{(u,y,y') \mid u \in U, y = k(u) \leqslant 0, y' = k(Tu) > 0 \}$
负可拓域	$A_-(T) = \{(u,y,y') \mid u \in U, y = k(u) \geqslant 0, y' = k(Tu) < 0 \}$
正稳定域	$A_+(T) = \{(u,y,y') \mid u \in U, y = k(u) \geqslant 0, y' = k(Tu) > 0 \}$
负稳定域	$A_-(T) = \{(u,y,y') \mid u \in U, y = k(u) \leqslant 0, y' = k(Tu) < 0 \}$

注：$J_0(T) = \{(u,y,y') \mid u \in U, y' = k(Tu) = 0 \}$ 为 $\widetilde{A}(T)$ 的拓界。

（3）距

在可拓集合中，建立关联函数这一概念。通过计算关联函数值，描述 U 中任一元素 u 属于正域、负域还是零界中的任意一个，即使同属于一个域中的元素，也可以由关联函数值的大小区分出不同的层次。为了建立实数函数域上的关联函数，需要把实数函数中距离的概念拓展为距的概念，即

$$\rho(x_0, X_0) = \left| x_0 - \frac{a+b}{2} \right| - \frac{b-a}{2} \tag{3-4}$$

在可拓集合中，利用距的定义，把点与区间的位置关系用定量的方式表示。当点在区间内时，经典数学中认为点与区间的距离都为零，而在可拓集

中，利用距的概念，则可以根据距值的不同，描述点在区间内的位置的不同。距的概念对点与区间的位置关系的描述，从"类内即为同"发展到类内中有关不同程度的区别的定量描述。

（4）位置值与关联函数

在研究具体事物的过程中，通常要考虑到以下三种位置关系，如表3-4所示：

表3-4 事物之间的位置关系

序号	位置关系
1	点与区间的位置关系
2	区间与区间的位置关系
3	一个点与两个区间的位置关系

假定 $X_0 = \langle a, b \rangle$，$X = \langle c, d \rangle$，且 $X_0 \subset X$，则点 x 关于区间 X_0 和 X 的位置规定为：

$$D(x, X_0, X) = \begin{cases} \rho(x, X) - \rho(x, X_0), & x \notin X_0 \\ -1, & x \in X_0 \end{cases} \quad (3-5)$$

$D(x, X_0, X)$ 就描述了点 x 与 X_0 和 X 组成的区间的位置关系。

在距的基础上，建立了初等关联函数，用于计算点和区间的关联程度，关联函数的值域是 $(-\infty, +\infty)$。

$$k(x) = \frac{\rho(x, X_0)}{D(x, X_0, X)} (X_0 \subset X，且无公共端点) \quad (3-6)$$

利用公式（3-6）表述可拓集合中的关联函数，把"具有性质P"的事物从定性描述发展到"具有性质P的程度"的定量描述，具体如表3-5所示。

表3-5 关联函数的定性与定量描述

$k(x)$	定量描述
$k(x) \geqslant 0$	表示 x 属于 X_0 的程度
$k(x) \leqslant 0$	表示 x 不属于 X_0 的程度
$k(x) = 0$	表示 x 既属于 X_0 又不属于 X_0

资料来源：根据资料整理编制。

综上所述，可以利用 T 来描述事物由量变到质变的变化，如表3-6所示。

表 3 - 6 关联函数描述事物变化的性质

T	事物的变化
$k(x) \cdot k(T_x) > 0$	量变
$k(x) \cdot k(T_x) < 0$	质变

资料来源：根据资料整理编制。

3.1.5 可拓逻辑

现实生活中会出现各种各样的矛盾，大多情况下总认为其无解可寻，其实可以借助可拓学原理的核心内容解决。而可拓逻辑原理就是研究如何将不相容问题转换为相容问题的数学方法。

3.2 特色种植业发展的可拓分析

3.2.1 确定不相容问题

农地流转促进特色种植业的发展是一个错综复杂的系统，研究的领域涉及到生态、社会以及经济效益子系统，探讨各个子系统之间相互作用又相互影响的关系。本书的研究以发展特色种植业为主，以生态环境为核心，将社会与经济效益相结合作为一个整体分析，实现特色种植业的协调发展。研究系统涉及的利益主体主要有政府、市场以及社会三方，但同时三者之间也需要协调管理，因而它是一个动态的复杂系统。

假设：R_1 = ｛经济效益，水平，低｝

R_2 = ｛生态环境，性质，恶劣｝

R_3 = ｛社会问题，程度，明显｝

L = ｛农地的种植面积，现状，减少｝

条件表示为：L = ｛种植的思维理念，状况，保守｝

或 L = ｛种植设备，状况，落后｝

或 L = ｛从事种植的人数，现状，匮乏｝

或 L = ｛土壤的条件，状况，各不相同｝

或 L = ｛融资情况，数量，少｝

由此可得，农地流转主要的不相容问题可归纳为：

$$P = (R_1 \times L)(R_2 \times L)(R_3 \times L)$$

可拓问题是在相同条件下发展起来的，它们之间既相互作用又相互影响，由于主要问题的掌握难度较大，因而解决起来也较为棘手。目前将农地流转促进特色种植业发展系统作为一个整体进行系统性的研究分析，强调的重点仍以经济收益为主，在归纳总结各区域农地流转促进特色种植业发展的过程中，选择最优的农地流转特色种植业的结构，实现经济收益最大化。

依据我国现行的农地流转促进特色种植业发展的政策，遵循不损害各方利益的原则条件下，可把不相容问题逐步转变为：在选择最优的农地流转特色种植业的结构时，不仅要满足每一个研究对象的条件，而且要追求经济收益最大化的目标。因而不相容问题用公式表示为：

$$P = G \times L$$

其中：G 代表的是目标；L 代表的是条件。

3.2.2 共轭分析

可拓学原理根据事物发展的规律和特征，在对物进行整体研究的基础上，进行分类汇总，充分利用各个元素之间的内在关系以及物的结构特征，分析物的内在结构相互关系，解决不相容问题转换为相容问题的现象，更好地研究物的量变到质变的过程，称其为共轭性。

这一原理，将物元和关系元作为研究工具，对事物进行虚实分析、软硬分析、潜显分析以及负正部分析，这种方法称为共轭分析方法。

（1）虚实分析

农地流转中的实部：农业耕地、牧地、林地、园地等，记为 $Re(N) = \{$农业耕地、牧地、林地、园地等$\}$。农地流转中的虚部：土地的自然环境、国家的财政政策等，记为 $im(N) = \{$土地的自然环境、国家的财政政策等$\}$。

综上所述，虚实分析主要研究农地流转对象 N 的实部元素与虚部元素，综合考虑农地流转政策，统筹兼顾各元素关系，为探讨农地流转促进特色种植业系统奠定基础。

（2）软硬分析

硬部表现为：农地流转未来的发展规划、农地流转使用的先进设备、农地流转采取的手段措施等，记作 $hr(N) = \{$农地流转未来的发展规划、农地流转使用的先进设备、农地流转采取的手段措施等$\}$。

软部表现为：农地流转形成不同产业之间的关系、农地流转特色种植业发展与经济发展的关系，以及与社会、生态环境的关系等，记为 $sf(N) = \{$农地流转形成不同产品种植业之间的关系、农地流转特色种植业发展与政府的关系、农地流转特色种植业发展与市场和社会之间的关系等}。

软硬分析的主要目标是确定农地流转促进特色种植业发展的内外部影响元素关系，首先明确特色种植业发展与外部元素的关系，例如：政府、农民以及流转市场之间的关系；其次，明确农地流转内部元素之间的影响关系。针对不同区域的发展，尤其是各区域的特色种植业发展的特点，因地制宜、科学合理地规划未来的发展方向，充分发挥作用使其达到经济效益最大化的目的。

（3）潜显分析

探讨农地流转促进特色种植业发展系统的显部因素和潜部因素：

显部因素主要是目前我国农地流转促进特色种植业发展所取得的效益，记为 $ap(N)=$｛农地流转促进特色种植业发展所取得的效益｝。

潜部因素主要包括：农地流转存在的潜在风险以及在流转中出现的水土流失现象。记为 $It(N)=$｛农地流转促进特色种植业发展的潜在风险、流转土地中出现水土流失的现象｝。

根据上述对于潜显因素分析的论证可以得出，提供系统的可行性方案，对农地流转中水土流失现象进行统一管理，从若干方案中选择最优的，用以解决农地流失的问题。除此之外，对符合种植条件的农地采取相应的措施保护，促使农地流转促进特色种植业发展的经济效益达到最大化。

（4）正负分析

正部表现为：农地流转促进特色种植业发展所涉及的经济效益、社会效益以及生态效益，记为 $ps(N)=$｛农地流转促进特色种植业发展的经济、社会以及生态的效益问题｝。

负部表现为：农地流转促进特色种植业发展所必需的条件，记为 $ng(N)=$｛农地流转促进特色种植业发展所必需的条件｝。

根据农地流转促进特色种植业发展的正负分析，正确地对待农地流转促进特色种植业发展对区域社会经济发展所带来的正效益。同时对负部要素进行深入分析与探讨，提高农地流转促进特色种植业发展系统的管理水平，运用科学的理念、引进先进的技术与设备，促使经济效益、社会效益以及生态效益达到最大化。

3.2.3　相关分析

由于事物之间存在着关联性，各个元素之间的变化引起所对应的元素也会有改变，事物的量值不同会引起其他相关的事与物发生变化。基元之间具有共同评价事物的特征量值，同一基元也可以评价特征量值的依存关系，这一现象称为相关网，这正是农地流转系统中相关分析研究的核心内容。

给定两个基元集 $\{B_1\}$ 和 $\{B_2\}$，若对任意 $B_1 \in \{B_1\}$，至少存在一个 $B_2 \in \{B_2\}$，使 B_1 与 B_2 对应，则称 $\{B_1\}$ 和 $\{B_2\}$ 是相关的，记作 $\{B_1\} \stackrel{\frown}{\rightarrow} \{B_2\}$。

对基元集 $\{B_1\}$ 和 $\{B_2\}$，假设只有一个评价特征为 C_0，如果对任意 $B_1 \in \{B_1\}$，至少存在一个 $B_2 \in \{B_2\}$，可得表 3-7：

表 3-7　关于评价特征 C_0 的相关性

条件	相关性	记作
$C_0(B_2) = f[C_0(B_1)]$	评价特征 C_0 相关	$\{B_1\} \stackrel{\frown}{\rightarrow} (C_0)\{B_2\}$
$C_0(B_1) = f^{-1}[C_0(B_2)]$	评价特征 C_0 互为相关	$\{B_1\} \sim (C_0)\{B_2\}$

资料来源：根据资料整理编制。

对基元集 $\{B_1\}$ 和 $\{B_2\}$，假设有两个评价特征为 C_{01} 和 C_{02}，如果对任意 $B_1 \in \{B_1\}$，至少存在一个 $B_2 \in \{B_2\}$，可得表 3-8：

表 3-8　关于评价特征 C_{01} 和 C_{02} 的相关性

条　件	相关性
$C_{01}(B_1) = f[C_{02}(B_1)]$ 且 $C_{02}(B_1) = f^{-1}[C_{01}(B_1)]$	评价特征 C_{01} 和 C_{02} 关于基元集 $\{B_1\}$ 互为相关
$C_{01}(B_1) = f[C_{02}(B_2)]$ 且 $C_{02}(B_2) = f^{-1}[C_{01}(B_1)]$	评价特征 C_{01} 和 C_{02} 互为相关

资料来源：根据资料整理编制。

注：$C_{01}(B_1) = f[C_{02}(B_1)]$。

对动态基元 $B_1(t)$ 和 $B_2(t)$ 进行研究，如果存在 f，使 $C_0(B_2(t)) = f[C_0(B_1(t))]$，则称 $B_1(t)$ 和 $B_2(t)$ 关于评价特征 C_0 相关，记作 $\{B_1(t)\} \stackrel{\frown}{\rightarrow} (C_0)\{B_2(t)\}$。

运用相关网的理论分析，首先研究通过物元 R 的变化，分析其引起变化的原因，发生的变化概率以及如何变化的问题；其次分析物元 R 的变化所经历的阶段，利用传导变换原理找出原因并解决问题。

$$R_1 = \begin{bmatrix} \text{生态效益} & \text{研究价值} & \text{降低} \\ & \text{品种种类} & \text{减少} \\ & \text{食物链} & \text{简单化} \end{bmatrix}$$

$$R_2 = \begin{bmatrix} 经济效益 & 农民价值 & 减少 \\ & 单位产量 & 减少 \end{bmatrix}$$

$$R_3 = \begin{bmatrix} 社会效益 & 生产方式 & 传统 \\ & 农地流转 & 不积极 \\ & 流转效益 & 不理想 \end{bmatrix}$$

3.2.4　蕴含分析

这一原理是基于物、事和关系间的相互依存关系为依托，将基元作为研究分析的工具，对物、事或关系的内在逻辑规律进行探讨与分析。

设 B_1、B_2 为两个基元，若 B_1 实现必有 B_2 实现，则称基元 B_1 蕴含基元 B_2，基元 B_1 称为下位基元，B_2 为上位基元。

（1）若 B_1 与 B_2 同时实现必有 B 实现，则称 B_1，B_2 与蕴含 B

（2）若 B_1 或 B_2 实现都有 B 实现，则称 B_1，B_2 或蕴含 B

（3）若 B 实现，必有 B_1 与 B_2 同时实现，则称 B 与蕴含 B_1，B_2

（4）若 B 实现，必有 B_1 或 B_2 同时实现，则称 B 或蕴含 B_1，B_2

基元蕴含系统是由与蕴含和或蕴含两部分组成，其中在与蕴含中，最下位基元的全体蕴含最上位基元；在或蕴含中，最下位的每一基元都蕴含最上位基元。在基元蕴含系统中是多层的组织结构，当上位基元不易实现时，可以利用下位基元解决问题；如果下位基元易于实现，则认为不相容问题得以解决，基本步骤如表 3-9 所示：

表 3-9　不相容问题的解决步骤

步骤	内　容
1	列出要分析的基元、变换或问题
2	建立基元蕴含系统
3	在蕴含系的某层增加或截断蕴含系得以解决
4	使最上位基元、变换或问题的矛盾得以解决

资料来源：根据资料整理编制。

对条件物元 r_1 事物进行共轭分析，得出新的条件物元 r_1，使新的条件物元与所要研究的目标作相容性分析，为解决不相容问题提供理论依据。根据新的研究方案，进行发散分析，将条件物元与经济效益的特征相结合，探讨影响农地流转促进特色种植业发展的因素，运用蕴含分析对其进行变换，使不相容问题转换为相容问题。

r_1 代表的是条件物元（农地流转促进特色种植业的发展，经济效益，低），相关的条件物元表示如下：

（1）农地流转促进特色种植业发展的规划物元条件 r_{0i}

r_{01} ＝（农地流转促进特色种植业的发展，规划的实施性，差）

r_{02} ＝（农地流转促进特色种植业的发展，融资方式，少）

r_{03} ＝（农地流转促进特色种植业的发展，产品的竞争力，弱）

r_{04} ＝（农地流转促进特色种植业的发展，文化水平，低）

r_{05} ＝（农地流转促进特色种植业的发展，管理理念，落后）

（2）农地流转促进特色种植业发展的种植结构物元条件 r_{1i}

r_{11} ＝（产业种植基地的规划与发展，战略性，弱）

r_{12} ＝（种植结构总体的部署，完整性，差）

r_{13} ＝（特色种植业的发展与生产，协调性，差）

（3）有关资金来源的物元条件 r_{2i}

r_{21} ＝（国家的财政投入，金额，少）

r_{22} ＝（当地政府的配套资金投入，能力，弱）

r_{23} ＝（其他融资渠道，范围，小）

（4）有关的物元条件，r_{3i}

r_{31} ＝（科技创新，能力，弱）

（5）相关人员素质水平的物元条件 r_{4i}

r_{41} ＝（种植技术带头人，人数，少）

r_{42} ＝（农户，文化水平，低）

r_{43} ＝（管理者，知识结构，不专业）

（6）有关农业政策体制的物元条件 r_{5i}

r_{51} ＝（家庭联产承包，体制，不健全）

r_{52} ＝（集体种植生产，规模，小）

r_{53} ＝（个人种植生产，管理理念，落后）

（7）其他相关外在因素的物元条件 r_{6i}

r_{61} ＝（特色种植业规模，面积，小）

r_{62} ＝（融资方式，范围，小）

r_{63} ＝（个人筹资，规模，小）

r_{64} ＝（其他筹资，规模，小）

r_{65}＝(配备的设施，条件，差)

r_{66}＝(配备的专业人才，文化水平，低)

r_{67}＝(经济政策，执行力，弱)

综上所述，运用蕴含系的方法来处理不相容问题，分析不相容问题的影响因素，绘制相应的蕴含分析图，对其进行深入的分析与研究，找出最上位的因素，将不相容问题转变为相容问题，为解决问题提供理论依据。

3.3　本章小结

本章的主要内容是运用可拓学基本原理和方法，对农地流转促进特色种植业发展做整体性的分析。探讨影响农地流转促进特色种植业发展系统因素，确定研究内容的不相容问题，明确各子系统之间的相互作用，分别对其进行共轭分析、相关分析与蕴含分析，为农地流转促进特色种植业发展的可拓分析提供了理论依据，为下一章节构建农地流转促进特色种植业发展的可拓决策模型奠定了基础。

第4章 农地流转促进特色种植业发展的可拓研究

——以辽西地区为例

4.1 辽西地区概况

4.1.1 辽西地区特色农业发展的现状

根据《辽宁省第一次水利普查公报》数据统计，2013 年辽宁省水土流失总面积 45 935.60 平方千米。截至 2015 年，辽宁省农村土地经营权流转总面积接近 1 400 万亩，第一季度新增流转面积为 66.4 万亩，其中丹东、铁岭、鞍山、阜新新增流转面积均超过 10 万亩，总流转面积为 56 万亩，占新增面积的 84.3%。

辽西地区即辽宁省的西部地区，位于锦州至山海关间的狭长地带，东经 118.84°—122.97°，北纬 39.99°—42.84°。在行政区上包括阜新市、朝阳市、葫芦岛市、锦州市和盘锦市（辽河以西部分），土地总面积约 55 035 平方千米，占辽宁省总面积的 34.82%。辽西地区地处北方农牧交错带，在土地利用方式上，西北部以农牧业为主，东南部以农业为主。

该区域属于大陆性季风气候，地势由西北向东南递减，复杂多变，自然资源丰富，土质肥沃。在地形上主要以丘陵和山地为主，约占总面积的 70%，土壤以褐土为主，有机质含量较低，保水保肥能力差，土壤贫瘠；植被以油松为主，由于植被破坏、天然林存量很少等原因，目前多数仍以人工林和天然次生林为主。

4.1.2 朝阳市农业现状

朝阳市位于辽宁省西部，南临河北省，北接内蒙古自治区，占地面积 20 000 平方千米，占辽宁省的 13.1%，位居全省第一位，总人口 336.5 万人；

主要有 5 个县（市）、2 个区、168 个镇。

朝阳市有东北的"青藏高原"之称，生态环境优越，土壤肥沃，阳光充足，日照时间长，有利于农作物的生长，朝阳市拥有丰富的农业资源，其中木本植物有 220 种，中草药材有 600 多种，主要农产品资源包括小麦、棉花、油料、甜菜、烤烟、干鲜果，是全省重点产区，尤其是棉花，它是朝阳的特色农产品之一，素有"塞外银花"之称。同时当地政府对 350 万亩宜林荒山进行大规模的特色种植业产品的开发，称作"两杏一枣"工程，其山杏、大扁枣、大枣的品种具有耐干旱性，抗瘠落等适应性强的特点，是全国著名的四大山杏产地之一。

朝阳也是世界上最大的人工沙棘林地区之一，占地面积约 150 万亩，占全国总量的 11％，占世界总量的 9％，年产沙棘果约 5 万吨。枝叶茂盛的沙棘林不仅是许多野生动物栖息的乐园，而且沙棘具有极高的药用和保健价值。

4.1.3　朝阳市特色种植业生产的特征

（1）以一年一熟为主，复种指数低

朝阳市地势较高，无霜期较短，大田作物基本上一年一熟。复种主要是以土豆为前茬，复种菜类，或以小麦为前茬复种菜类，复种其他品种的较少。除清种、复种外，还保留着间、套种的形式，轮作制度主要采取高粱、谷子、玉米或豆类，部分地方采取高粱、谷子的迎茬轮作。

（2）严重的干旱有碍于种植业保持相对稳定的结构

基于前期的研究很多农业学者都尝试研究关于朝阳种植业结构的最优模式，虽然经过了多方努力，但始终没有实施成功的例证。其原因就是严重的干旱，尤其是春旱，制约着朝阳的农业尤其是种植业的生产。所以长期受自然条件的影响，该地区有 80％以上的耕地处于"凭天收"的状态，而"不收"或"少收"的概率很高。

（3）低产田面积大，种植业发展慢，影响其他产业的发展

朝阳市防御自然灾害的能力弱，农业生产水平低，出现供不应求的现象，直接影响着林、牧、副业的发展，导致以农产品为原料的轻工业和以农产品加工为主的乡镇企业的发展受到消极的影响，使农民的经济收入减少，同时也减少了对农业的物质投入，最终导致整个农业生产的缓慢发展。

（4）科学种田面积增多，促进农业技术措施大力推广

朝阳市在"十三五"期间，建立并完善了农业科研、培训推广结合的农业

科技体系，新的农业科研成果在生产中得到了广泛应用，科学种田水平得到提高。

（5）种植业生产规模较小，自给性生产比重较大，目前正在由半自给性生产向商品性生产转化

朝阳市山峦起伏，沟谷纵横，耕地肥力低且人均数量少，限制着种植业结构的合理调整，使农村商品经济得不到迅速发展，从而造成了农村的贫困与落后。随着经济政策放宽的实施，提高了农产品价格，开放了农贸市场，使农产品商品率不断提高。在具体的实施中，要不断地提高管理水平，防止由于人力、物力及财力等条件不足而导致信息不对称，影响农产品流通。

4.1.4　朝阳市特色种植业发展的优势

（1）自然资源

朝阳市位于北温带大陆性季风气候区，其东南部地区受海洋暖湿气流的影响，再加上北部蒙古高原的干燥冷空气的侵入，形成了半干燥半湿润的易干燥气候，四季分明，雨热同季，光照充足，温差较大，降水量偏少，全年平均气温在 5.4℃ 至 8.7℃ 之间，年均日照时数为 2 850～2 950 小时，年降水量 450～580 毫米，无霜期 122～155 天，春秋两季多风、易旱，冬季盛行西北风，气候寒冷，风力较强。

（2）土地资源

朝阳市占地面积辽阔，土地类型多种多样，日照充足，这种优越的土地资源条件，不仅使朝阳成为适宜北方农作物生长及繁育良种的天然基地，而且还为农、林、牧、副、渔等各行业从事多种经营、综合开发提供了有利条件。

（3）农副产品资源

朝阳市拥有丰富的农副产品资源，棉、油、杂粮是辽宁省的重点产区，产量均位居全省前列；同时还有大量的畜产品，使得畜牧资源饲养量与日俱增。重要的是朝阳温差大、光照时间长的独特气候，果品资源丰富，果品质量也具有独特的优势，成为辽宁省第二大果品产区，干果产量在辽宁省也位居前列，是杏仁的全国四大产区之一，年产量在全省居首位。农副产品品种多、产量大，为其他产业的发展提供了充足的原料，使产业集群蕴含着巨大的发展潜力。

（4）特色产品资源

朝阳的大枣已有近千年的栽培历史。朝阳的大枣色泽鲜艳，状如玛瑙，皮薄肉厚，酸甜适度，具有补脾、健胃、益气生津的功能。

值得一提的是大平顶枣，在 1999 年 4 月朝阳被农业农村部授予"中国大平顶枣之乡"的称号；2001 年 4 月被国家林业和草原局评为全国 62 个"经济林建设示范县"之一；在 2002 年 1 月大平顶枣在"全国林副产品名优产品交易会"上获得优质奖。

朝阳市孙家湾镇受光照时间、土壤、气候等影响，特别适合种植大枣，品种繁多；全镇大枣种植面积约 35 000 亩，245 万株，其中成年枣树 27 000 亩，189 万株，平均年产大枣约 6 000 吨，2007—2013 年经辽宁省绿化发展委员会测评，被评为"三山牌绿色无公害大枣"。

4.1.5 朝阳市特色种植业发展的劣势

（1）生态环境

①水土流失严重，耕地自然肥力较低。朝阳市地处丘陵地带，由于植被稀少，覆盖率较低，加之降水集中，水土流失较为普遍。水土流失现象给农业生产带来诸多影响，尤其是农作物生产。首先，它减少了土地耕种面积，影响耕作的产出量，导致农产品的产量下降。其次，土壤的耕作层薄、不肥沃，造成底土裸露、土壤贫瘠的现象。同时，水土流失对水利工程也造成一定程度的破坏，冲毁渠道，淤塞水库的现象也时有发生，对水库的使用寿命带来了不同程度的影响。水土流失不仅直接破坏生产建设，而且有大量的泥沙流入河道，造成淤泥堵塞在河道中，汛期河水泛滥，威胁人民的生命财产安全。

②土壤污染现象与日俱增。朝阳市生态环境质量逐步下降，其主要表现就是环境污染，尤其是土地污染。朝阳主要从事重工业生产，工业污染主要集中在冶金、化工、电力、造纸等行业中，但其生产工艺落后，造成"三废"排放量较大的现象，不仅直接影响水源环境，改变了土壤的性质，影响农作物的产量；而且间接影响粮食质量和人们的健康。同时，由于农药的使用量不断增加，残留的农药给土壤和粮食也带来了一定的危害。这对于特色产业的发展造成了影响。

③草场退化。朝阳可利用草场发展特色种植业，天然草场不同程度的退化现象，导致产草量逐年降低，优良牧草也逐渐减少，有的地方甚至出现了裸地、荒地。

（2）经济环境

朝阳市属辽宁省经济发展较为落后的城市之一，工业、旅游业、科技信息业及生态环保业等现代产业还有待发展。虽然资源开采业、种植业、林果业以及养殖业等传统产业在该区域占有重要的地位，但是多数的城乡依然沿袭着传统的广种薄收、重用轻养的粗放式经营方式，再加上农业基本建设资金有限，导致土壤层变薄、土壤肥力下降的现象越来越严重。

（3）社会环境

日伪时期乱砍滥伐，大量地掠夺森林资源，使得该区的原始森林遭到毁灭性破坏，极大地降低了该区的森林覆盖率。再加上人们盲目开荒、过度放牧以及不合理的耕作方式等原因，导致原始低矮植被不断地被破坏及草场退化。

4.1.6 朝阳市主要农产品

种植业是朝阳农业的主要组成部分，在农业中占有相当大的比例，农作物品种主要包括粮食作物、经济作物和蔬菜等。主要有以下几个品种：

（1）朝阳小米

"朝阳小米"素有颗粒均匀、香甜可口、营养丰富等特点。"朝阳小米"的培育以独特的土壤、光照、水质条件为基础，利用天然水、农家肥料作为资源，采用传统的农业耕作经营方式，精加工制作而成。2015 年 6 月，国家市场监督管理总局批准对"朝阳小米"实施地理标志产品保护。

朝阳的杂粮，尤其是朝阳大石坝小米在国内享有一定的知名度，生产基地选定在地理条件优越、气候适宜的位置，主要集中在营子、波罗赤、胜利等乡镇，经该区域有关部门的协调，解决了"种了谁收、不施化肥减产怎么办、虫灾不打化学农药绝收怎么办"等一系列问题，落实了种植的具体任务，从而调动了农民的积极性。《2021 年辽宁省朝阳市人民政府工作报告》中提到朝阳市目前特色杂粮种植面积保持在 150 万亩以上，应加强农业品牌建设，打造"朝阳小米""朝阳蔬菜"等全国知名特色品牌，努力建设京津冀地区优质农产品供应基地。

（2）朝阳大枣

朝阳是辽宁省大枣的主要生产基地，拥有着悠久的生产与栽培历史。朝阳大枣核小皮薄肉脆，枣果以酥脆酸甜而闻名国内，被冠以"北方玛瑙"之称。

大平顶枣盛产于辽宁省西部的郊区，集中分布在朝阳县小凌河流域和大凌河沿岸的部分乡镇，经过多年的筛选与培育，是丰产稳产的优良品种。

（3）朝阳绿豆

朝阳绿豆是辽宁省的特色杂粮产品，该区域气候干旱光照充足，非常适宜种植绿豆。据史料记载，绿豆的种植在朝阳已有 2 000 多年的历史，朝阳是我国绿豆的主要生产基地之一。朝阳绿豆颗粒饱满，因其品质优越而闻名国内，养分、口感、色泽均属上等品，素有"绿色珍珠"的美称。

（4）红小豆

该区域自然资源丰富，生态环境优越，当地生产的红小豆颗粒丰满光润，色泽鲜艳，口感香甜，含豆沙量高，有"红宝石"之美誉。

（5）核桃

辽宁省的核桃品种繁多，其中最负盛名的当数薄皮核桃，其特点是薄壳光滑，种仁易取，出仁率高达50％以上，素有"木本油料王"之称，在辽南、辽西均有分布，主要集中在朝阳、绥中、复县。尤其是培育的"辽核一号""辽核二号"以及"辽核三号"等新品种，薄皮核桃，壳薄如纸，指捏即破，故称纸皮核桃。

（6）软核杏

软核杏是辽宁省独有的珍稀杏树品种，在国内享有盛名。软核杏果品优良，外形美观，果实为卵圆形，果体整齐，果面底色黄白，阳面着橘红色晕，果皮薄而易剥，果肉黄白色，纤维少，果汁多，有微香，味道甜，核薄而软，果肉与种仁皆可食，特别是果核具有特殊的性状，是杏育种的珍贵食材。

4.1.7　朝阳市特色种植业发展的可拓分析

（1）问题的物元模型

假定条件：R_1 代表目标物元，r_1 代表条件物元，两因素之间是相互矛盾的关系，是可拓分析的主要研究内容。

$$
目标物元\ R_1 = \begin{bmatrix} 朝阳市农地流转的特色种植业 & 经济效益 & 高 \\ & 社会问题 & 少 \\ & 生态环境 & 良好 \end{bmatrix}
$$

$$
条件物元\ r_1 = \begin{bmatrix} 朝阳市农地流转的特色种植业 & 经济效益 & 低 \\ & 社会问题 & 明显 \\ & 生态环境 & 恶劣 \end{bmatrix}
$$

（2）可拓分析

朝阳市农地流转促进特色种植业发展的不相容问题为：

$$
P_1 = R_1 \times r_1
$$

其中：R_1 是预期达到的目标（即目标物元），推动朝阳农地流转促进特色种植业的发展，把朝阳的经济、社会和生态效益的关系统筹兼顾，对促进特色种植业的发展有着积极的作用。因此，在解决问题的过程中，关键在于处理朝阳农地流转促进特色种植业发展的现状问题，处理好目标物元和条件物元的关系，解决不相容问题转变的过程，使得矛盾得以解决，最终使朝阳农地流转促进特色种植业达到可持续发展的目标。

运用可拓理论解决问题由不相容到相容的转变，首先采用共轭分析的方法对所研究事物要素进行探讨，分别将内部要素和外部要素的组成关系进行说明；然后，通过对朝阳农地流转促进特色种植业的特征要素做深入分析，将与所研究事物的各方利益相关的要素统一结合，找出问题的最优解，解决矛盾问题。

①发散分析：

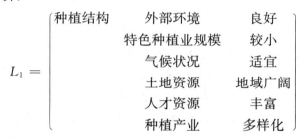

$$L_2 = \begin{bmatrix} 种植结构 \ N, & 优化趋势, & 发展特色产品 \end{bmatrix}$$

②共轭分析：在对物整体结构认知的基础上，由外向内的探索物的发展变化过程，基于物本身所具有的特性，对可拓原理中的虚实部、软硬部、潜显部以及正负部进行描述，则称其为共轭部，其基本理论是将不相容问题转换为相容问题的方法之一。

首先，确定虚部与实部的内容，详见表4-1：

表4-1　朝阳市特色种植业的实部与虚部

实部 reN	虚部 imN
高粱、马铃薯、豆类、谷子、向日葵、花生、梨、苹果、葡萄	区域的地理位置条件，自身所具备的条件

通过虚实分析，对所研究的对象进行客观地分析与评价，将朝阳市农地流转促进特色种植业发展的实部作为其研究的客体部分，为虚部的研究提供解决问题直接的理论依据。

其次，确定软部与硬部的内容，详见表4-2：

表 4 - 2　朝阳市特色种植业的硬部与软部

硬部 hrN	软部 sfN
杂粮业、林业、果业、养殖业	杂粮业、林业、果业、养殖业的内部关系，以及与外部的关系

在朝阳市农地流转促进特色种植业的软部与硬部分析的基础上，将目标物元的期望值与实际值进行对比，找出偏差，分析产生偏差的原因，有效地纠正偏差。为解决矛盾问题提供理论依据。

通过对软部与硬部因素的分析，不仅能够探讨因素之间的内部关系，而且有助于协调与其他相关种植业的外部关系。本书运用软硬部分析将所研究的目标进行系统性的分析，协调发展不同特色种植业间的关系，构建重点突出、特色鲜明的产品种植业体系，充分利用该区域的自然条件和地理位置，发挥特色种植业发展的独特优势，以弥补其不足之处，为提高朝阳市整体经济效益奠定基础。

然后，确定潜部与显部的内容，详见表 4 - 3：

表 4 - 3　朝阳市特色种植业的显部与潜部

显部 apN	潜部 ltN
特色种植业的生产经营和经济效益的现状	特色种植业未来发展情况的预测

在上述因素分析的基础上，为研究对象提供相关的理论依据，能够更好地对问题进行多方面的分析，对方案进行客观的评价，运用科学的方法解决问题的矛盾性，从若干个方案中选择出最优的作为其最佳方案。通过不断地对潜显要素的深入分析，从不同层面对特色的农副产品的要素和所具备的潜力进行综合研究，提高从事种植农户的技术水平，推动特色种植业的发展。

最后，确定正部与负部的内容，详见表 4 - 4：

表 4 - 4　朝阳市特色种植业的正部与负部

正部 psN	负部 ngN
农作物生产基地、山杏生产基地、枣生产基地、禽类养殖生产基地	人、材料、生产经营所需的设备设施等投入因素

综上所述，朝阳市农地流转促进特色种植业发展的问题主要是确定资金的

投入量。通过运用先进的科学技术，引进高层次的管理人员，推动特色种植业的发展，实现农民经济收入增长的目的。

除此之外，还可以通过引进先进的机械设备以代替人工劳动，大大地提高劳动生产率，在扩大特色种植业生产基地的同时，运用正部和负部的分析方法，解决不相容问题，对促进朝阳市特色种植业的发展有着积极作用，可提高朝阳市的整体经济效益。

③相关分析：相关分析研究不同物、事和关系之间的相关程度，分析基元和基元之间的相关性，主要是以形式化的方法判断事物之间的相互关系和相互作用。例如：同一评价特征的量值在不同基元之间的相关性，或不同评价特征的量值在同一基元中的相关性，这种相互之间的依赖关系称之为相关。

运用相关分析的原理，对朝阳市农地流转促进特色种植业发展进行合理分析，利用相关分析原理探讨因素之间的关系，建立相关模型，把不相容问题转换为相容问题，提高特色种植业的经济效益。

结合相关分析原理，确定假定条件：x_i 表示条件物元的经济效益特征，其中 x_1 为生产基地的发展部署；x_2 为融资状况；x_3 为劳动者的文化水平；x_4 为采用的技术设备与设施；x_5 为自然条件。

这些特征量均是在上述共轭分析的基础上归纳得出，如表 4-5 所示。

表 4-5　特色种植业条件物元的经济效益特征

项目	经济效益特征
生产基地的发展部署 x_1	延续性 x_{11} 前瞻性 x_{12} 有效性 x_{13}
融资状况 x_2	国家的投资 x_{21} 当地政府的配套资金及设施 x_{22} 外来投资的引进情况 x_{23}
劳动者的文化水平 x_3	农民的素质 x_{31} 科技人员素质 x_{32} 当地干部的素质 x_{33}
采用的技术设备与设施 x_4	引进新技术 x_{41} 新的生产技术在实际应用过程中的比例 x_{42}
自然条件 x_5	水土流失问题 x_{51} 经营权的问题 x_{52} 土壤侵蚀的问题 x_{53}

④蕴含分析：基于特征元素的要求，对目标 G 做出相关的蕴含分析，探讨蕴含分析中元素的内在联系，为解决矛盾问题提供了理论依据，有效地将不相容问题转变为相容问题，并将其运用到实践当中。

综合考虑该区域特色种植业发展的现状，运用发散分析的原理与方法，充分分析各个相关因素之间的内在联系与矛盾，解决朝阳市农地流转促进特色种植业发展中不相容的问题，推动区域的经济发展。

蕴含分析方法在理论上与预期目标的分析较为相似，主要针对特色种植业中相关因素的依存关系进行研究分析，在讨论特色种植业发展的整体影响下，运用数学方法寻找解决问题的最优方案，实现目标的期望值，有效地解决特色种植业发展的不相容问题。

综上所述，针对朝阳市农地流转促进特色种植业发展的现状，运用蕴含分析理论更进一步地探讨，其主要内容就是运用共轭分析的原理与方法，找出问题的最优解，确定农地流转特色种植业的最佳方案。

4.1.8　构建农地流转特色种植业的可拓模型——以朝阳市为例

（1）确定可拓对象

①确定可拓基元：朝阳市位于辽宁省西部地区，东临锦州市，南接葫芦岛市，西南临河北省承德市，东北接内蒙古自治区的赤峰市，它面向沿海，背依腹地，地理位置比较优越。朝阳市辖 2 个市辖区、2 个县、1 个自治县，代管 2 个县级市（双塔区、龙城区、北票市、凌源市、朝阳县、建平县以及喀喇沁左翼蒙古族自治县）。

本书以朝阳市农地流转的特色种植业为研究对象，其假定条件见表 4-6：

表 4-6　朝阳市农地流转的特色种植业的假定条件

假定条件	研究对象	表示方法
1	以县为基元单位	$R_i(i=1,2,\cdots,7)^*$
2	以朝阳市各区的可拓基元集合	$S_1=\{R_1,R_2,R_3,R_4,R_5,R_6,R_7\}$
3	以朝阳市各乡镇的可拓基元集合	$S_{ij}=\{R_{ij}\}$

注：i 代表上述各县中的个数；j 表示为各乡镇的个数。

* 具体见表 4-7。

②确定可拓事元：依据朝阳市的发展，选定具有代表性的种植业作为研究的可拓事元，由此整理得出可拓模型的事元表，如表 4-8 所示。通过对朝阳

市各县市区的统计调查，确定出 17 种具有代表性的特色种植产品，总结可拓事元集为：$S_2=\{P_1，P_2，\cdots，P_{17}\}$。

表 4-7　可拓基元表

序号	各县市区名称
R_1	双塔区
R_2	龙城区
R_3	北票市
R_4	凌源市
R_5	朝阳县
R_6	建平县
R_7	喀喇沁左翼蒙古族自治县（喀左县）

表 4-8　可拓事元表

序号	代表性的种植业	序号	代表性的种植业
P_1	棉花	P_{10}	梨
P_2	红豆	P_{11}	葡萄
P_3	绿豆	P_{12}	桃
P_4	小米	P_{13}	李子
P_5	小麦	P_{14}	西瓜
P_6	马铃薯	P_{15}	核桃
P_7	大枣	P_{16}	蜂蜜
P_8	山杏	P_{17}	沙棘果
P_9	苹果		

③确定可拓物元：通过基元与事元的分析，得到所对应的可拓物元，例如：将基元中的朝阳市与事元中的小米相结合，构成朝阳小米，即为所求的物元。依此类推，通过对基元与事元的统一结合，形成了其他相关的物元：北票市番茄、建平县西瓜、龙城区的葡萄、凌源市的大扁杏等，这些都是通过对基元与事元的结合计算得出，最终形成以下可拓物元集合：

可拓物元集合＝基元集合 $\bigcup$ 事元集合

$$=\{R_1,R_2,\cdots,R_7\}\bigcup\{P_1,P_2,\cdots,P_{17}\}$$

（2）确定经典域

基于上述对农地流转促进特色种植业发展的物元和事元的阐述，并对研究的特征元素进行量化分析，确定特色种植业的经典域。依据朝阳市历年的统计年鉴数据，经过系统的调查，统计朝阳市各县市区在不同时间的量值情况，确定朝阳市农地流转促进特色种植业发展的物元特征量值，如表4-9所示。

表4-9　农地流转促进特色种植业发展的物元特征量值表

	N_1	N_2	...	N_m
C_1	$\langle x_{11}, y_{11} \rangle$	$\langle x_{12}, y_{12} \rangle$	...	$\langle x_{1m}, y_{1m} \rangle$
C_2	$\langle x_{21}, y_{21} \rangle$	$\langle x_{22}, y_{22} \rangle$	...	$\langle x_{2m}, y_{2m} \rangle$
...	...	...	...	...
C_i	$\langle x_{i1}, y_{j1} \rangle$	$\langle a_{i2}, y_{j2} \rangle$	...	$\langle x_{im}, y_{jm} \rangle$

资料来源：根据资料整理编制。

（3）确定节域

节域就是针对所研究物的质是否在其量的变化范围内，若量的变化是在节域的范围内，则认为其具有稳定性；若量的变化不在节域的范围内，则不具有稳定性，这也正是所要研究的可拓域的基本原理。利用这一原理，可以有效地将特色种植业物元中的不相容问题转换为相容问题。如表4-10所示。

表4-10　物元节域表

特征	C_1	C_2	...	C_n
	$\langle x_{1p}, y_{1p} \rangle$	$\langle x_{2p}, y_{2p} \rangle$	...	$\langle x_{np}, y_{np} \rangle$
节域	$\langle x_{11}, y_{11} \rangle$	$\langle x_{12}, y_{12} \rangle$	...	$\langle x_{1m}, y_{1m} \rangle$ $\langle x_{1p}, y_{1p} \rangle$
	$\langle x_{21}, y_{21} \rangle$	$\langle x_{22}, y_{22} \rangle$	...	$\langle x_{2m}, y_{2m} \rangle$ $\langle x_{2p}, y_{2p} \rangle$
	...	...	...	...
	$\langle x_{n1}, y_{n1} \rangle$	$\langle x_{n2}, y_{n2} \rangle$	...	$\langle x_{nm}, y_{nm} \rangle$ $\langle x_{np}, y_{np} \rangle$

资料来源：根据资料整理编制。

（4）计算特色种植业的关联度

在进行具体的研究分析中，用关联函数分析可拓集中物的关联度问题。假定关联函数的值域是（$-\infty$，$+\infty$），通过可拓集的关联函数的基本公式（4-1），来计算农地流转促进特色种植业发展的物元关联度：

$$K_y(V_y) = \begin{cases} \dfrac{\rho(v_x, V_{xy})}{\rho(v_x, V_{xm}) - \rho(v_x, V_{xy})}, v_x \in V_{xy} \\ \text{且 } \rho(v_x, V_{xm}) \neq \rho(v_x, V_{xy}) - \rho(v_x, V_{xy}), v_x \in V_{xy} \end{cases}$$

$$(4-1)$$

其中：$\rho(v_x, V_{xy})$ 表示特色种植业物元与量值 V_{xy} 的距离，而 $\rho(v_x,$

V_{xm})则表示特色种植业物元与量值 V_{xm} 的距离。其计算结果可分为以下三种情况，如表 4 - 11 所示：

表 4 - 11　关联函数的计算结果

计算结果	结论	解决方案
$K_y(V_y) \in (-\infty, -1)$	特色种植业的关联度为不可拓	运用菱形思维模式解决矛盾问题
$K_y(V_y) \in (-1, 0)$	特色种植业的关联度可能不相容	运用拓展方法研究事、物和关系可拓性
$K_y(V_y) \in (0, +\infty)$	特色种植业的关联度相容	对研究问题的未来进行科学的分析预测

资料来源：根据资料整理编制。

（5）等级变量特征值的计算

假定 $K_{j_0}(P) = \mathrm{Max} K_j(P)$，其中：$j = 1, 2, \cdots, m$，得到特色种植业计算的物元符合 j_0 的合理范畴，令：

$$\overline{K}_j(P) = \frac{k_j(p) - \mathrm{Min} k_j(P)}{\mathrm{Max} k_j(P) - \mathrm{Min} k_j(P)}$$

运用公式（4 - 2），计算特色种植业的变量特征值：

$$j^* = \frac{\sum_{j=1}^{m} j x \overline{k}_j(P)}{\sum_{j=1}^{m} \overline{k}_j(P)} \tag{4 - 2}$$

4.1.9　朝阳市特色种植业的可拓决策

以朝阳市的各县市区为研究区域，根据朝阳市历史统计资料，经过反复的对比分析，从中选取具有代表性的农作物以及特色产品为研究对象，红豆、绿豆、小米、向日葵籽、芝麻、梨、苹果、葡萄、马铃薯为选中的特色种植业，并列朝阳市特色种植业的基元表，如表 4 - 12 所示。

假定 $S_0 = \{S_1, S_2, S_3, S_4, S_5\}$，其中：$S_1 = \{高粱\}$，$S_2 = \{马铃薯\}$，$S_3 = \{红豆，绿豆，小米\}$，$S_4 = \{向日葵籽，芝麻\}$，$S_5 = \{梨，苹果，葡萄\}$。

表 4 - 12　朝阳市特色种植业的基元表

符号	R_1	R_2	R_3	R_4	R_5	R_6	R_7	R_8	R_9	R_{10}
含义	高粱	马铃薯	红豆	绿豆	小米	向日葵籽	芝麻	梨	苹果	葡萄

根据朝阳市历史统计资料，选取具有代表性的北票市、凌源市、双塔区、龙城区、朝阳县、建平县以及喀喇沁左翼蒙古族自治县 7 个县为研究区域。

　　针对朝阳市农地流转促进特色种植业发展的现状，建立以下两种可拓决策模型［参照历史统计数据（表 4 - 13 和表 4 - 14）］：①以朝阳市为整体，研究在不同的年份时间段，选择的特色种植业为对象，对其特色种植业耕作面积进行可拓决策分析。②基于上述可拓决策分析，研究朝阳市在不同时间内其特色种植业的产量问题，进行可拓决策分析。

表 4 - 13　朝阳市特色种植业的耕作面积

单位：公顷

年份	高粱 R_1	薯类 R_2	豆类 R_3	谷子 R_4	向日葵籽 R_5	花生 R_6	梨 R_7	苹果 R_8	葡萄 R_9
2005	28 165	11 244	13 118	47 776	9 666	704	6 961	15 588	2 071
2006	27 758	11 660	14 261	48 238	8 953	755	7 373	14 751	2 138
2007	22 725	11 439	13 775	46 703	8 205	1 186	7 420	14 627	3 121
2008	23 181	10 710	20 027	44 062	7 261	1 913	6 881	10 793	2 412
2009	21 846	9 123	19 462	38 970	7 153	1 552	7 232	11 216	1 466
2010	18 546	6 302	13 505	38 106	6 642	1 312	7 351	11 457	1 380
2011	24 171	6 758	15 274	42 317	7 908	863	7 163	10 930	1 337
2012	22 649	5 361	13 122	34 247	4 830	912	7 821	11 344	1 270
2013	17 863	5 175	10 069	31 172	4 675	937	7 250	12 404	1 347
2014	14 267	3 914	6 213	34 166	4 110	1 116	7 659	12 208	1 309

数据来源：《朝阳市统计年鉴》（2005—2014 年）。

表 4 - 14　朝阳市特色种植业的产量

单位：吨

年份	高粱 R_1	薯类 R_2	豆类 R_3	谷子 R_4	向日葵籽 R_5	花生 R_6	梨 R_7	苹果 R_8	葡萄 R_9
2005	193 112	55 368	30 929	183 515	16 665	2 087	30 863	52 322	26 840
2006	108 316	49 376	19 399	108 861	10 138	1 664	34 284	49 676	37 544
2007	113 909	49 647	21 178	112 598	10 347	3 907	36 007	51 938	41 758
2008	110 762	39 886	27 431	107 078	10 696	8 008	41 872	64 531	34 082
2009	21 221	29 102	7 910	29 175	2 638	2 218	38 509	54 558	20 836
2010	121 097	35 538	27 020	136 291	13 094	4 077	56 907	80 800	25 146
2011	184 732	38 808	34 069	166 371	16 870	3 637	70 319	115 900	30 087
2012	185 181	37 863	36 433	151 296	12 981	4 511	101 481	137 669	31 485
2013	97 897	31 641	18 008	95 362	11 260	4 582	96 592	129 184	34 559
2014	73 649	21 025	5 698	88 732	6 843	3 290	89 776	117 628	31 655

数据来源：《朝阳市统计年鉴》（2005—2014 年）。

以五年为一个计算周期，将朝阳市的历史统计数据列为两个时间段进行研究，即：第 1 个时间段为 2005—2009 年；第 2 个时间段为 2010—2014 年。在此基础上确定特色种植业的经典域及节域，经典域的左端点取所研究历史数据的期望均值，右端点取所列历史数据的最大值。

（1）2005—2009 年第一阶段的期望均值：

$$\bar{R}_{1j} = \{\bar{R}_{11}, \bar{R}_{12}, \bar{R}_{13}, L, \bar{R}_{19}\}$$
$$= \{24\ 825, 54\ 176, 16\ 129, 45\ 150, 8\ 248, 1\ 222, 7\ 173, 13\ 395, 11\ 208\}$$

（2）2010—2014 年第二阶段的期望均值：

$$\bar{R}_{2j} = \{\bar{R}_{21}, \bar{R}_{22}, \bar{R}_{23}, L, \bar{R}_{29}\}$$
$$= \{19\ 499, 5\ 502, 11\ 637, 36\ 002, 5\ 633, 1\ 028, 7\ 449, 11\ 669, 1\ 329\}$$

同理，得出两个时间段的产量期望均值：

$$\bar{R}_{1j} = \{\bar{R}_{11}, \bar{R}_{12}, \bar{R}_{13}, L, \bar{R}_{19}\}$$
$$= \{109\ 464, 44\ 676, 21\ 242, 108\ 245, 10\ 097, 3\ 577, 36\ 307, 54\ 605, 32\ 212\}$$
$$\bar{R}_{2j} = \{\bar{R}_{21}, \bar{R}_{22}, \bar{R}_{23}, L, \bar{R}_{29}\}$$
$$= \{132\ 511, 32\ 975, 24\ 246, 127\ 603, 12\ 210, 4\ 019, 83\ 105, 116\ 236, 30\ 586\}$$

通过上述的计算，确定朝阳市特色种植业的耕作面积以及产量的经典域和节域，如表 4-15 和表 4-16 所示，其中：节域的左端取 $a_j = \mathrm{Min}\{R_j\}$，右端点则表示 $b_j = \max\{R_j\} + \max\{R_j\} \times 10\%$。

表 4-15 特色种植业耕作面积的经典域与节域

关联值	经典域				节域	
	2005—2009 年		2010—2014 年			
R_1	24 825	28 165	19 499	24 171	14 627	30 982
R_2	54 176	11 660	5 502	6 758	3 914	12 826
R_3	16 129	20 027	11 637	15 274	6 213	22 030
R_4	45 150	48 238	36 002	42 317	31 172	53 062
R_5	8 248	9 666	5 633	7 908	4 110	10 633
R_6	1 222	1 913	1 028	1 312	704	2 104
R_7	7 173	7 420	7 449	7 821	6 881	8 603
R_8	13 395	15 588	11 669	12 404	10 793	17 147
R_9	11 208	3 121	1 329	1 380	1 270	3 433

表 4-16　特色种植业产量的经典域与节域

关联值	经典域				节域	
	2005—2009 年		2010—2014 年			
R_1	109 464	193 112	132 511	185 181	21 221	212 423
R_2	44 676	55 368	32 975	38 808	21 025	60 905
R_3	21 242	30 929	24 246	36 433	5 698	40 076
R_4	108 245	183 515	127 603	166 371	29 175	201 867
R_5	10 097	16 665	12 210	16 870	2 638	18 557
R_6	3 577	8 008	4 019	4 582	1 664	8 809
R_7	36 307	41 872	83 015	101 481	30 863	111 629
R_8	54 605	64 531	116 236	137 669	49 676	151 436
R_9	32 212	41 758	30 586	34 559	20 836	45 934

假定特色种植业的待评物元为第一阶段的经典域坐标，计算其关联度，作为不相容问题转变为相容问题的计算依据。以此类推，第二阶段的关联度和相容关系的转换同上述的计算过程。在此基础上确定每一阶段的最优种植结构决策问题，将预期的待评物元的耕作面积提高 10%，然后计算第二阶段的关联度，将所研究的问题由不相容转变为相容，具体的分析过程详见表 4-17 至表 4-19。

表 4-17　特色种植业耕作面积的可拓分析

关联值	待评物元	第一阶段			第二阶段		
		$\rho(R_i, V_{ij})$	$\rho(R_i, V_{ip})$	$K_1(R_i)$	$\rho(R_i, V_{ij})$	$\rho(R_i, V_{ip})$	$K_2(R_i)$
R_1	26 495	−1 670	−4 487	0.6	2 324	−4 487	−0.3
R_2	32 918	21 258	−29 004	−0.4	26 160	−29 004	−0.5
R_3	18 078	−1 949	−3 934	1	2 804	−3 934	−0.4
R_4	46 694	−1 544	−6 368	0.3	4 377	−6 368	−0.4
R_5	8 957	709	−1 676	−0.3	1 049	−1 676	−0.4
R_6	1 568	351	−536	−0.4	256	−536	−0.3
R_7	7 297	124	−416	−0.1	3 877	−416	−0.9
R_8	14 492	−1 097	−2 655	0.7	2 088	−2 655	−0.4
R_9	7 165	4 044	3 732	−0.5	5 785	3 732	−2.8

表 4-18 计算待评物元增长 10%的关联值

关联值	待评物元	$\rho(R_i,V_{ij})$	$\rho(R_i,V_{ip})$	$K_1(R_i)$
R_1	29 145	4 974	−1 837	−0.7
R_2	36 210	29 452	23 384	−5
R_3	19 886	4 612	−2 144	−0.7
R_4	51 363	5 889	−1 699	−0.8
R_5	9 853	1 945	−780	0.7
R_6	1 725	413	−379	−0.5
R_7	8 027	206	−576	−0.3
R_8	15 941	3 537	−1 260	0.7
R_9	7 882	6 502	4 449	−3

表 4-19 计算待评物元减少 10%的关联值

关联值	待评物元	$\rho(R_i,V_{i2})$	$\rho(R_i,V_{ip})$	$K_1(R_i)$
R_1	23 846	−325	−7 136	0.1
R_2	29 626	22 868	16 800	1.4
R_3	16 270	996	−5 760	−0.2
R_4	42 025	−292	−10 853	0.03
R_5	8 061	153	−2 572	−0.1
R_6	1 411	−99	−693	0.2
R_7	6 567	882	314	−1.6
R_8	13 043	639	−2 250	−0.2
R_9	6 449	5 069	3 016	−2

同理，针对特色种植业的种植产量的待评物元的相容问题进行计算，在预期的种植结构条件下，计算其相应的种植产量，解决不相容问题的转换。假定待评物元按增加 10%和减少 10%的比例为研究对象，其计算过程如表 4-20至表 4-22 所示。

通过上述计算，得到了朝阳市各县市区其特色种植业耕作面积和种植产量的经典域和节域，实地考察之后，确定了朝阳市最具特色的种植业产品，即：东北高粱、马铃薯、大豆与玉米。依据特色种植业的特点，确定其各自的种植结构，选择最优的种植方案。

表 4-20　特色种植业种植产量的可拓分析

关联值	待评物元	第一阶段			第二阶段		
		$\rho(R_i, V_{ij})$	$\rho(R_i, V_{ip})$	$K_1(R_i)$	$\rho(R_i, V_{ij})$	$\rho(R_i, V_{ip})$	$K_2(R_i)$
R_1	151 288	−41 824	−61 144	2	−18 777	−61 144	0.4
R_2	50 022	−5 346	−10 883	0.9	11 214	−10 883	0
R_3	26 086	−4 844	−16 949	0	−1 840	−16 949	0.1
R_4	145 880	−37 635	−55 987	2	−18 277	−55 987	0.5
R_5	13 381	−3 284	−5 176	1.7	−1 171	−5 176	0.3
R_6	5 793	−2 216	−3 016	2.8	1 211	−3 016	−0.3
R_7	39 090	−2 783	−8 227	0.5	43 925	−8 227	−0.8
R_8	59 568	−4 963	−9 892	1	56 668	−9 892	−0.9
R_9	36 985	−4 773	−8 949	1.1	1 626	−8 949	−0.2

表 4-21　计算待评物元增长 10% 的关联值

关联值	待评物元	$\rho(R_i, V_{ij})$	$\rho(R_i, V_{ip})$	$K_1(R_i)$
R_1	166 417	−18 764	46 006	−0.3
R_2	55 024	16 216	−5 881	−0.7
R_3	28 695	−4 449	−11 381	0.6
R_4	160 468	−18 277	−55 987	0.5
R_5	14 719	−2 151	−3 838	1.3
R_6	6 372	1 788	−2 437	−0.6
R_7	42 999	43 925	−8 227	−0.8
R_8	65 525	50 711	−15 247	−0.8
R_9	40 684	6 125	−5 250	−0.5

表 4-22　计算待评物元减少 10% 的关联值

关联值	待评物元	$\rho(R_i, V_{ij})$	$\rho(R_i, V_{ip})$	$K_1(R_i)$
R_1	136 159	−3 648	−75 724	0.1
R_2	45 020	6 212	−15 385	−0.3

（续）

关联值	待评物元	$\rho(R_i, , V_{ij})$	$\rho(R_i, V_{ip})$	$K_1(R_i)$
R_3	23 477	769	−16 599	−0.1
R_4	131 292	−3 684	−70 575	0.1
R_5	12 043	167	−6 514	−0.02
R_6	5 214	632	−3 550	−0.2
R_7	35 181	47 834	−4 318	−0.9
R_8	53 611	62 625	−3 935	−0.9
R_9	33 287	−1 272	−12 451	0.1

在对统计资料的整理与分析的基础上，并结合经典域和节域的计算确定朝阳市特色种植业整体种植结构的经典域与节域，详见表4-23。

朝阳市农地流转促进特色种植业发展的不平衡现状主要受地理位置、气候和水资源的影响，依据不同地理位置分别对特色种植业进行统筹规划，得出四种特色种植业产品的群体，即：高粱、马铃薯、大豆以及玉米产品群。

双塔区、龙城区、北票市、凌源市、朝阳县、建平县以及喀喇沁左翼蒙古族自治县中特色种植业产品的耕作面积分布如表4-24至表4-27所示。

双塔区、龙城区、北票市、凌源市、朝阳县、建平县以及喀喇沁左翼蒙古族自治县高粱的布局可拓分析如表4-28至表4-30所示。

由表4-28至表4-30三个表的分析可以得出，朝阳市的双塔区、龙城区、北票市、朝阳县以及建平县，它们的高粱产品的关联度均大于零，符合经典域的范围，说明其目前的耕作面积在规划布局内，可以维持不变；凌源市与喀左县的高粱产品的关联度却小于零，符合可拓域的研究范围，说明可以适当地扩大凌源市与喀左县的高粱产品的耕作面积，以期获得更多的经济效益。但是把耕作面积提高10%以后，凌源市与喀左县的高粱产品的关联度却小于零，所以选择再次提高高粱产品的耕作面积直到其计算的关联度大于零为止，并符合经典域的考量范围。

双塔区、龙城区、北票市、凌源市、朝阳县、建平县以及喀喇沁左翼蒙古族自治县马铃薯的布局可拓分析，如表4-31至表4-33所示。

表 4 - 23　各县特色种植业布局耕作面积的经典域和节域

县区	高粱 P_1		马铃薯 P_2		大豆 P_3		玉米 P_4	
	经典域	节域	经典域	节域	经典域	节域	经典域	节域
双塔区 R_1	⟨350, 601⟩	⟨7, 661⟩	⟨34, 98⟩	⟨9, 108⟩	⟨147, 216⟩	⟨13, 238⟩	⟨4 463, 6 604⟩	⟨354, 7 264⟩
龙城区 R_2	⟨1 373, 1 863⟩	⟨531, 2 049⟩	⟨176, 95⟩	⟨2, 105⟩	⟨130, 180⟩	⟨25, 198⟩	⟨8 828, 12 884⟩	⟨7 074, 14 172⟩
北票市 R_3	⟨6 059, 7 749⟩	⟨830, 8 524⟩	⟨807, 458⟩	⟨110, 504⟩	⟨1 735, 1 903⟩	⟨350, 2 093⟩	⟨42 379, 64 090⟩	⟨39 647, 70 499⟩
凌源市 R_4	⟨802, 928⟩	⟨484, 1 021⟩	⟨560, 955⟩	⟨506, 1 051⟩	⟨1 123, 1 303⟩	⟨660, 1 433⟩	⟨28 199, 32 294⟩	⟨25 851, 39 436⟩
朝阳县 R_5	⟨6 611, 9 242⟩	⟨1 330, 10 166⟩	⟨1 477, 1 692⟩	⟨500, 1 861⟩	⟨1 976, 2 459⟩	⟨70, 2 705⟩	⟨45 638, 65 940⟩	⟨41 227, 72 534⟩
建平县 R_6	⟨8 630, 10 282⟩	⟨7 581, 16 492⟩	⟨6 896, 8 421⟩	⟨2 180, 9 264⟩	⟨6 315, 11 024⟩	⟨1 640, 12 126⟩	⟨56 401, 102 921⟩	⟨45 920, 113 213⟩
喀左县 R_7	⟨2 636, 1 315⟩	⟨420, 1 447⟩	⟨841, 953⟩	⟨470, 1 048⟩	⟨1 578, 1 717⟩	⟨970, 1 889⟩	⟨26 167, 34 960⟩	⟨24 431, 38 456⟩

表 4-24 特色种植业高粱的耕作面积

单位：公顷

年份	双塔区	龙城区	北票市	凌源市	朝阳县	建平县	喀左县
2005	7	931	7 749	928	9 242	7 986	1 315
2006	601	1 863	7 134	798	6 994	9 259	1 109
2007	406	1 400	5 500	806	6 280	7 581	752
2008	388	1 538	5 424	720	6 317	8 042	752
2009	347	1 131	4 486	758	4 220	10 282	622
2010	371	884	3 468	541	3 798	8 622	862
2011	384	846	3 346	484	3 343	14 993	775
2012	305	712	3 120	599	2 957	14 240	716
2013	224	687	2 610	526	2 850	11 050	516
2014	186	531	830	510	1 330	10 460	420

数据来源：《朝阳市统计年鉴》(2005—2014 年)。

表 4-25 特色种植业马铃薯的耕作面积

单位：公顷

年份	双塔区	龙城区	北票市	凌源市	朝阳县	建平县	喀左县
2005	9	33	321	553	1 372	8 280	674
2006	88	78	294	559	1 387	8 421	833
2007	87	95	284	565	1 455	7 999	953
2008	98	72	289	545	1 692	7 128	886
2009	56	73	426	579	1 477	5 653	859
2010	91	42	458	506	1 294	3 008	903
2011	85	35	252	518	1 315	3 721	832
2012	72	—	270	540	1 336	2 361	782
2013	78	—	260	955	1 070	2 180	632
2014	80	2	110	562	500	2 190	470

数据来源：《朝阳市统计年鉴》(2005—2014 年)。

表 4-26 特色种植业大豆的耕作面积

单位：公顷

年份	双塔区	龙城区	北票市	凌源市	朝阳县	建平县	喀左县
2005	13	107	1 903	1 303	2 459	2 808	1 498
2006	196	64	1 888	992	2 058	3 647	1 608

（续）

年份	双塔区	龙城区	北票市	凌源市	朝阳县	建平县	喀左县
2007	216	151	1 721	1 212	1 904	3 600	1 587
2008	175	180	1 668	1 059	1 788	10 496	1 481
2009	137	146	1 495	1 050	1 671	11 024	1 717
2010	167	158	1 606	740	1 429	5 716	1 528
2011	191	132	1 175	737	1 396	6 626	1 347
2012	140	14	1 182	909	1 283	5 035	1 081
2013	113	35	750	660	1 410	2 890	1 055
2014	96	25	350	694	70	1 640	970

数据来源：《朝阳市统计年鉴》（2005—2014 年）。

表 4-27　特色种植业玉米的耕作面积

单位：公顷

年份	双塔区	龙城区	北票市	凌源市	朝阳县	建平县	喀左县
2005	354	7 074	39 647	27 696	44 586	46 920	25 196
2006	5 309	8 940	40 276	26 356	41 227	57 186	24 431
2007	5 381	9 296	41 396	29 139	44 379	60 290	26 049
2008	5 221	9 033	40 950	28 670	46 164	57 992	26 727
2009	6 050	9 795	49 626	29 133	51 833	60 618	28 433
2010	6 243	11 168	53 165	27 260	53 864	72 259	29 191
2011	6 201	11 499	55 352	26 724	53 443	92 746	28 974
2012	6 573	12 713	60 166	25 851	55 677	102 921	29 755
2013	6 604	12 864	57 350	30 387	57 180	93 043	31 682
2014	6 701	12 884	64 090	32 294	65 940	91 883	34 960

数据来源：《朝阳市统计年鉴》（2005—2014 年）。

表 4-28　特色种植业高粱的布局可拓分析

县区	经典域	节域	特色物元	$\rho(R_i, V_{ij})$	$\rho(R_i, V_{ip})$	$K_1(R_i)$
双塔区 R_1	〈350，601〉	〈7，661〉	476	−126	−185	2.1
龙城区 R_2	〈1 373，1 863〉	〈531，2 049〉	1 618	−245	−431	1.3
北票市 R_3	〈6 059，7 749〉	〈830，8 524〉	6 904	−845	−1 620	1.1
凌源市 R_4	〈802，928〉	〈484，1 021〉	865	63	−156	−0.3
朝阳县 R_5	〈6 611，9 242〉	〈1 330，10 166〉	7 927	−1 316	−2 239	1.4

（续）

县区	经典域	节域	特色物元	$\rho(R_i, V_{ij})$	$\rho(R_i, V_{ip})$	$K_1(R_i)$
建平县 R_6	〈8 630，10 282〉	〈7 581，16 492〉	9 456	−826	−1 875	0.8
喀左县 R_7	〈2 636，1 315〉	〈420，1 447〉	1 976	−661	529	−0.6

表 4 - 29　特色种植业高粱的耕作面积增长 10% 的可拓分析

县区	特色物元	$\rho(R_i, V_{ij})$	$\rho(R_i, V_{ip})$	$K_1(R_i)$
双塔区 R_1	524	77	137	1.3
龙城区 R_2	1 780	−83	−269	0.5
北票市 R_3	7 594	−155	−933	0.2
凌源市 R_4	952	24	−69	−0.3
朝阳县 R_5	8 720	−522	−1 446	0.6
建平县 R_6	10 369	87	−2 788	0.03
喀左县 R_7	2 174	−860	727	−0.5

表 4 - 30　特色种植业高粱的耕作面积减少 10% 的可拓分析

县区	特色物元	$\rho(R_i, V_{ij})$	$\rho(R_i, V_{ip})$	$K_1(R_i)$
双塔区 R_1	428	−78	−233	0.5
龙城区 R_2	1 456	−83	−593	0.2
北票市 R_3	6 214	−155	927	−0.1
凌源市 R_4	779	23	−242	−0.1
朝阳县 R_5	7 134	−523	−3 032	0.2
建平县 R_6	8 483	147	−902	−0.1
喀左县 R_7	1 778	−463	331	−0.9

表 4 - 31　特色种植业马铃薯的布局可拓分析

县区	经典域	节域	特色物元	$\rho(R_i, V_{ij})$	$\rho(R_i, V_{ip})$	$K_1(R_i)$
双塔区 R_1	〈34，98〉	〈9，108〉	66	−32	−42	3
龙城区 R_2	〈176，95〉	〈2，105〉	136	−41	36	−0.5
北票市 R_3	〈807，458〉	〈110，504〉	633	−175	152	−0.5
凌源市 R_4	〈560，955〉	〈506，1 051〉	758	−198	−245	0.4
朝阳县 R_5	〈1 477，1 692〉	〈500，1 861〉	1 585	−123	−192	1
建平县 R_6	〈6 896，8 421〉	〈2 180，9 264〉	7 659	−763	−1 184	2
喀左县 R_7	〈841，953〉	〈470，1 048〉	897	−56	103	−0.4

表 4-32 特色种植业马铃薯的耕作面积增长 10%的可拓分析

县区	特色物元	$\rho(R_i,V_{ij})$	$\rho(R_i,V_{ip})$	$K_1(R_i)$
双塔区 R_1	73	−25	−35	3
龙城区 R_2	150	−26	45	−0.4
北票市 R_3	696	−111	192	−0.4
凌源市 R_4	834	−121	−217	1.3
朝阳县 R_5	1 744	92	−117	−0.3
建平县 R_6	8 425	3	−839	0
喀左县 R_7	987	34	−61	−0.4

表 4-33 特色种植业马铃薯的耕作面积减少 10%的可拓分析

县区	特色物元	$\rho(R_i,V_{ij})$	$\rho(R_i,V_{ip})$	$K_1(R_i)$
双塔区 R_1	59	−25	−50	1
龙城区 R_2	122	−27	17	−0.6
北票市 R_3	570	−112	66	−0.6
凌源市 R_4	682	−124	−176	−0.2
朝阳县 R_5	1 427	50	−434	0.1
建平县 R_6	6 893	3	−2 372	0
喀左县 R_7	807	34	241	0.2

由表 4-31 至表 4-33 三个表的分析可以得出，建平县、双塔区以及朝阳县的马铃薯产品的关联度均大于零，符合经典域的范围，说明在现有的生产条件下应维持其耕作面积；龙城区、北票市与喀左县的马铃薯产品的关联度是小于零，符合可拓域的范围，说明可以适当地扩大其马铃薯产品的耕作面积；可是将耕作面积提高 10%以后，龙城区、北票市、朝阳县与喀左县的特色产品高粱的关联度却小于零，所以可以提高马铃薯产品的耕作面积直到其计算的关联度大于零为止，并符合经典域的考量范围。

双塔区、龙城区、北票市、凌源市、朝阳县、建平县以及喀喇沁左翼蒙古族自治县大豆的布局可拓分析如表 4-34 至表 4-38 所示。

表 4-34 特色种植业大豆的布局可拓分析

县区	经典域	节域	特色物元	$\rho(R_i,V_{ij})$	$\rho(R_i,V_{ip})$	$K_1(R_i)$
双塔区 R_1	〈147，216〉	〈13，238〉	182	-35	-62	1
龙城区 R_2	〈130，180〉	〈25，198〉	155	-25	-44	1
北票市 R_3	〈1 735，1 903〉	〈350，2 093〉	1 819	-84	-274	0.4
凌源市 R_4	〈1 123，1 303〉	〈660，1 433〉	1 213	-90	-220	0.7
朝阳县 R_5	〈1 976，2 459〉	〈70，2 705〉	2 218	-242	-487	0.9
建平县 R_6	〈6 315，11 024〉	〈1 640，12 126〉	8 670	$-2 335$	$-3 456$	2
喀左县 R_7	〈1 578，1 717〉	〈970，1 889〉	1 648	-70	-241	0.4

表 4-35 特色种植业大豆的耕作面积增长 10% 的可拓分析

县区	特色物元	$\rho(R_i,V_{ij})$	$\rho(R_i,V_{ip})$	$K_1(R_i)$
双塔区 R_1	200	-16	-38	0.7
龙城区 R_2	171	-9	-27	0.5
北票市 R_3	2 001	9	-92	-0.1
凌源市 R_4	1 334	31	-99	-0.2
朝阳县 R_5	2 440	-19	-265	0.1
建平县 R_6	9 537	$-1 467$	$-2 589$	1
喀左县 R_7	1 813	96	-76	-0.6

表 4-36 特色种植业大豆的耕作面积减少 10% 的可拓分析

县区	特色物元	$\rho(R_i,V_{ij})$	$\rho(R_i,V_{ip})$	$K_1(R_i)$
双塔区 R_1	164	-17	-74	0.2
龙城区 R_2	140	-10	-58	0.2
北票市 R_3	1 637	98	-456	-0.2
凌源市 R_4	1 092	31	-341	-0.1
朝阳县 R_5	1 996	-20	-709	0.03
建平县 R_6	7 803	$-1 488$	$-4 323$	0.5
喀左县 R_7	1 483	95	-406	-0.2

表 4 - 37　特色种植业大豆的耕作面积增长 5% 的可拓分析

县区	特色物元	$\rho(R_i, V_{ij})$	$\rho(R_i, V_{ip})$	$K_1(R_i)$
双塔区 R_1	191	−25	−47	1
龙城区 R_2	163	−17	−35	0.9
北票市 R_3	1 910	7	−183	0
凌源市 R_4	1 274	−29	−159	0.2
朝阳县 R_5	2 329	−130	−376	0.5
建平县 R_6	9 104	3 030	−3 022	0.5
喀左县 R_7	1 730	13	−159	0

表 4 - 38　特色种植业大豆的耕作面积减少 5% 的可拓分析

县区	特色物元	$\rho(R_i, V_{ij})$	$\rho(R_i, V_{ip})$	$K_1(R_i)$
双塔区 R_1	173	−26	−65	1.4
龙城区 R_2	147	−17	−51	1
北票市 R_3	1 728	7	−365	0
凌源市 R_4	1 152	−29	−281	0.2
朝阳县 R_5	2 107	−131	−598	0.6
建平县 R_6	8 237	−1 922	−591	−1
喀左县 R_7	1 566	12	−323	0

　　通过表 4 - 34 至表 4 - 38 的数据统计得出：双塔区、龙城区、北票市、凌源市、朝阳县、建平县以及喀喇沁左翼蒙古族自治县的大豆产品计算的关联度均大于零，符合经典域的范围，说明在现有的条件下可以维持现有的耕作面积水平。当耕作面积提高 10% 以后，北票市、凌源市以及喀左县的大豆的关联度小于零，不属于经典域的范围，从而对其耕作面积提高 5% 进行分析，得出双塔区、龙城区、北票市、凌源市、朝阳县以及喀喇沁左翼蒙古族自治县大豆的关联度均大于零，符合所研究的经典域范围。由此得出结论：对于特色种植业大豆的耕作面积提高 5% 为最佳。

　　双塔区、龙城区、北票市、凌源市、朝阳县、建平县以及喀喇沁左翼蒙古族自治县玉米的布局可拓分析，如表 4 - 39 至表 4 - 41 所示。

表 4 - 39　特色种植业玉米的布局可拓分析

县区	经典域	节域	特色物元	$\rho(R_i, V_{ij})$	$\rho(R_i, V_{ip})$	$K_1(R_i)$
双塔区 R_1	〈4 463，6 604〉	〈354，7 264〉	5 534	−1 071	−1 730	1.6
龙城区 R_2	〈8 828，12 884〉	〈7 074，14 172〉	10 856	−2 028	−3 316	1.6
北票市 R_3	〈42 379，64 090〉	〈39 647，70 499〉	53 235	−10 856	−13 588	4
凌源市 R_4	〈28 199，32 294〉	〈25 851，39 436〉	30 247	−2 048	−4 396	0.9
朝阳县 R_5	〈45 638，65 940〉	〈41 227，72 534〉	55 789	−10 151	−14 562	2
建平县 R_6	〈56 401，102 921〉	〈45 920，113 213〉	79 661	−23 260	−33 552	2
喀左县 R_7	〈26 167，34 960〉	〈24 431，38 456〉	30 564	−4 397	−6 133	2.5

表 4 - 40　特色种植业玉米增长 10% 的布局可拓分析

县区	特色物元	$\rho(R_i, V_{ij})$	$\rho(R_i, V_{ip})$	$K_1(R_i)$
双塔区 R_1	6 087	−517	−1 177	0.8
龙城区 R_2	11 942	−942	−2 230	0.3
北票市 R_3	58 559	16 181	−11 940	−0.6
凌源市 R_4	33 272	978	−6 164	−0.1
朝阳县 R_5	61 368	−4 572	−11 166	0.3
建平县 R_6	87 627	−15 294	−25 586	1.5
喀左县 R_7	33 620	−1 340	−4 836	0.4

表 4 - 41　特色种植业玉米减少 10% 的布局可拓分析

县区	特色物元	$\rho(R_i, V_{ij})$	$\rho(R_i, V_{ip})$	$K_1(R_i)$
双塔区 R_1	4 981	−518	−2 283	0.3
龙城区 R_2	9 770	−942	−2 696	0.5
北票市 R_3	47 912	−5 533	−8 265	2
凌源市 R_4	27 222	977	−1 371	−0.4
朝阳县 R_5	50 210	−4 572	−8 984	1
建平县 R_6	71 695	−15 294	−25 775	1.5
喀左县 R_7	27 508	−1 341	−3 077	0.8

　　由表 4 - 39 至表 4 - 41 三个表的分析可以看出，双塔区、龙城区、北票市、凌源市、朝阳县、建平县以及喀喇沁左翼蒙古族自治县玉米的计算关联度均大于零，符合研究经典域的范畴，说明在现有的条件下可以维持其耕作面积

水平。当耕作面积提高 10% 以后，北票市、凌源市的玉米产品的关联度小于零，可以提高玉米产品的耕作面积直到其计算的关联度大于零为止，并符合经典域的考量范围。

4.2　构建特色种植业结构的目标规划模型

基于上述的可拓分析进行定量分析，采用可拓决策的理论解决研究的问题：

$$P_0 = G_0 \times L_0 \qquad (4-3)$$

公式（4-4）的一种含义就是农地流转促进特色种植业发展的最优种植结构的确定：

$$P = G \times L \qquad (4-4)$$

而另一种含义就是确定最优种植业的集群种植结构，关键是根据特色种植业的类型和特点来决定其各自的种植面积的大小问题，若要实现上述问题须具备以下条件：①将所研究的区域视为一个整体，探讨在农地资源稀缺的条件下，利用现有的条件满足特色种植业生产经营所需的种植面积。就是说，特色种植业种植的总面积不得大于农地流转的面积。②在满足相关特色种植业结构的基础上，使得种植面积达到预期的要求。所以在确定特色种植业结构的问题上，除了考虑土地的自然条件因素制约外，还要兼顾地理位置、产品的供求关系以及价格定位等因素。③特色种植业结构的最优化设计。考虑到上述条件特殊性的情况下，尽可能地使经济效益达到最大化。

综上所述，本书利用目标规划模型进行定量化分析，深入探讨朝阳市特色种植业最优种植结构的确定问题。

4.2.1　构建目标规划模型

目标规划是在线性规划的基础上发展的，是用以解决多目标决策问题的一种方法，充分考虑各个目标的内在联系，经过综合评价选出最优方案，有效地解决单个目标与多个目标的决策问题。

（1）确定决策变量

利用土地按性质的不同可分为 n 类，分别用 A_i（$i=1, 2, \cdots, n$）来表示，特色种植业可利用的种植面积用 a_i（$i=1, 2, \cdots, n$）表示，单位为公顷。

（2）确定约束条件

①假设可用农地流转面积为 M，特色种植业种植面积小于可利用的农地流转面积，即：

$$\sum_{i=1}^{k} a_i \leqslant M \qquad (4-5)$$

②假设特色种植业最小种植面积为 ω_i，特色种植业的最大种植面积为 a_i，即：

$$a_i \geqslant \omega_i (i=1,2,L,n) \qquad (4-6)$$

③假设特色种植业最大种植面积为 λ_j，针对某些特色种植业不易保存和市场供求关系不对应等因素，即：

$$a_j \leqslant \lambda_j (j=1,2,L,k) \qquad (4-7)$$

（3）确定目标函数

①依据目标规划原理构建模型，以获得利润最大化为最终目标，为确定特色种植业的最优种植结构奠定基础。

设总利润为 $f(x)$，收益为 $f(x_1)$，成本费用为 $f(x_2)$，种植的每公顷单位产值为 a_i（$i=1,2,\cdots,n$），平均种植的单位成本为 b_i（$i=1,2,\cdots,n$），所以可将总利润目标用函数描述如下，其中（$i=1,2,L,n$）：

$$\text{Max } f(x) = \text{Max}[f(x_1) - f(x_2)]$$
$$= \text{Max}(\sum_{i=1}^{n} a_i x_i - \sum_{i=1}^{n} b_i x_i) \qquad (4-8)$$

②依据我国现行政策积极推动农地流转促进特色种植业发展，假定每种特色种植业的种植规模的最大值 G_h，即：

$$\text{Max } G_h (h \leqslant m) \qquad (4-9)$$

（4）确定目标规划模型

综上所述，根据约束条件和所确定的目标函数，建立农地流转促进特色种植业最优种植结构的目标规划模型如下：

$$\begin{cases} \text{Max} f(x) = \sum_{i=1}^{n} a_i x_i - \sum_{i=1}^{n} b_i x_i (i=1,2,L,n) \\ \text{Max} G_h (h \leqslant m) \end{cases}$$

$$\text{s. t} \begin{cases} \sum_{i=1}^{n} x_i \leqslant M(i=1,2,L,n) \\ a_i \geqslant \omega_i (i=1,2,L,n) \\ a_j \leqslant \lambda_j (j=1,2,L,k;k \leqslant n) \end{cases} \qquad (4-10)$$

4.2.2　计算目标规划模型

农地流转促进特色种植业发展是一个多目标规划问题的模型，运用目标规划的原理与方法可将该模型进行分解，成为单目标规划的模型，从而进行有效的论证与求解。介于系统之间难以确定最优解的问题，采用目前最有效的求解方法进行转化并求解，具体的步骤如下：首先将系统中的多目标规划模型经过原理转化，变为简单可行的单目标规划模型；其次运用 Lindo6.1 确定模型的最优解。

（1）期望值的确定

假设系统的目标函数为 X_1、X_2，同时确定系统的期望值 c_1、c_2，但是 c_1、c_2 的确定不是通过计算而得出的，而是通过大量的数据进行验证或经过实地调研分析得到的，所以期望值只是形式上的数据，不是真实的。由此可看出，通过这种方式确定期望值会引起诸多问题，因而利用可行解的过程推理，解决期望值的确定问题。

（2）利用正、负偏差变量的计算，解决期望值的不确定性问题

运用目标偏离变量的基本原理，对相互矛盾的目标进行系统优化，并将事先设定的目标值与期望值进行对比，将所产生的偏差设为目标偏离变量，并在此基础上对目标的偏离变量求极值，确定期望值。

目标偏离变量的分类如表 4-42 所示：

表 4-42　目标偏离变量的类型

偏离变量的类型	符号表示	基本含义
超过的情况	正偏离量 d^+ 正偏离变量	表示可能实现值超过规定指标值的超过量 正偏离量是未知数
不足的情况	负偏离量 d^- 负偏离变量	表示可能实现值未能达到规定指标值的超过量 负偏离量是未知数

注：①d_i^+，d_i^- 表示第 i 个目标的正、负偏离变量；②d_1^+，d_1^-，d_2^+，$d_2^- \geqslant 0$，且至少有一个为零。

（3）目标规划的目标函数

目标规划的目标函数（准则函数）是按各目标约束的正、负偏差变量和赋予相应的优先因子及权系数而构造的。决策者的目标是尽量使偏离变量达到最小，则目标规划函数的表达式为 $\text{Min}(d_i^+ + d_i^-)$。此函数主要为了实现原问题目标函数的期望值，从而能够更好地区别于原目标函数，称其为达成函数，其

基本形式有三种，如表 4-43 所示：

表 4-43　目标函数的基本形式

情况分类	基本形式	基本内容
目标函数刚好达到目标值	$\min f = d^+ + d^-$	正、负偏差变量都要尽可能地小
目标函数超过目标值	$\min f = d^-$	负偏差变量要尽可能地小
目标函数不超过目标值	$\min f = d^+$	正偏差变量要尽可能地小

资料来源：根据资料整理编制。

（4）确定优先因子与权系数

决策目标的解决通常有若干方案，若要使问题达到预期的目标，需要根据问题的重要程度来划分。例如：重要的目标优先因子 P_1，次位的目标优先因子 P_2，由此形成 $P_k \gg P_{k+1}$，$k = 1$，2，$\cdots$，K，表示 P_k 比 P_{k+1} 有更大的优先权，在首先保证 P_1 级目标实现的条件下，考虑 P_2 级目标的实现。

综上所述，假定农地流转促进特色种植业发展的利润期望值为 G_h，期望的种植面积为 G_h（$h \leqslant m$），原则上要求利润的目标值可以大于所设定的期望值，但同时也可以远远超过此指标值，将农地流转中的特色种植业结构的多目标规划模型转化为单目标形式，如下公式所示：

$$\min f = p_1 d_1^- + p_2 d_2^- + L + p_3 d_1^-$$

$$\text{s.t} \begin{cases} \sum_{i=1}^{n} a_i x_i - \sum_{i=1}^{n} b_i x_i + d_1^+ - d_1^- = G_h (i = 1, 2, L, n) \\ x_1 + d_1^+ - d_1^- = G_h (h \leqslant m) \\ \sum_{i=1}^{k} a_i \leqslant M (i = 1, 2, L, n) \\ a_i \geqslant \omega_i (i = 1, 2, L, n) \\ a_j \leqslant \lambda_j (j = 1, 2, L, k; k \leqslant n) \end{cases} \quad (4-11)$$

最后利用 Lindo6.1 软件系统，将上述约束条件（4-11）代入软件系统进行计算，确定其最优解。

4.3　优化特色种植业结构的实证研究

朝阳市朝阳县隶属于辽宁省朝阳市，南北长 109.1 千米，东西宽 76.2 千米，总面积 4 215.8 平方千米，地理位置优越，气候适宜，属于大陆性温和气候区域，在朝阳市的农地流转形成最优种植结构中具有一定的代表性，因此，研究中选取朝阳县为例进行实证分析。

4.3.1　朝阳县的基本概况

（1）地形地貌

朝阳县地理位置处于朝阳市的中部地区，分别与锦州市、建平县、喀左县相邻，同时紧靠葫芦岛市、建昌县的边界。

朝阳县的地势复杂，主要以丘陵为主，山脉起伏，以丘陵和平原相互交叉纵贯呈现，大凌河流域为狭长冲积平原，地势较平，其中山区与丘陵相对高差 300～600 米，从平面图分析，整个朝阳县西北部地势略高，东南部地势略低，呈倾斜趋势发展。从地形地貌区域上划分，朝阳县属于冀北辽西侵蚀中低山区。

（2）行政与人口

朝阳县管辖地区总共包含 8 个镇和 19 个乡。区域总人口为 562 628 人，其中农业人口为 529 498 人，占朝阳县总人口的 94.1%；非农业人口为 33 130 人，占朝阳县总人口的 5.9%。

（3）气候条件

朝阳县属于北温带大陆性季风气候区，四季分明，雨热同期，昼夜温差大，积温高，日照时间长，全年平均气温约为 8.5℃，年均日照总时数为 2 861.7 小时，年均降水量约为 486 毫米。朝阳县空气质量优良，全年达到二级（良）以上标准天数在 350 天左右。

（4）土地资源

2022 年 7 月朝阳县人民政府公布，现有土地总面积 375 785.97 公顷，其中，耕地面积 93 562.87 公顷，占土地总面积的 24.9%；林地面积 68 757.9 公顷，占土地总面积的 18.3%；草地面积 158 366.71 公顷，占土地总面积的 42.1%；水域及水利设施用地 7 873.85 公顷，占土地总面积的 2.1%；园地面积 21 933.36 公顷，占土地总面积的 5.8%。

（5）农业产业结构

2020 年朝阳县实现农业总产值 79.8 亿元（现价），同比增长 3.8%。其中，种植业产值 35.1 亿元，同比增长 3.1%；林业产值 4.8 亿元，同比增长 4.9%；畜牧业产值 37.7 亿元，同比增长 5.9%。

2014 年实现种植业增加值 215 282 万元，同比增长 1.4%；林业增加值 23 419 万元，增长 16.8%；畜牧业增加值 129 301 万元，增长 14.7%；渔业增加值 545 万元，增长 39.7%；农林牧渔服务业增加值 15 876 万元，增长 8.9%。

朝阳县农作物产量统计数据具体详见表 4-44。

表 4-44 2014 年农作物产量统计数据

名称	播种面积（公顷）	公顷产（千克）	总产量（吨）
小麦	800	9 000	7 200
玉米	65 940	4 343	286 363
谷子	530	2 251	1 193
高粱	1 330	5 250	6 983
大豆	70	1 200	84
绿豆	30	1 200	36
红小豆	20	1 200	24
马铃薯	410	15 000	6 150
花生	227	2 581	586
油菜籽	27	2 222	60
芝麻	160	1 869	299
向日葵籽	620	2 471	1 532
棉花	58	1 069	62
西瓜	425	70 664	30 032
苹果	5 155	8 515	43 892
甜瓜	476	63 206	30 086
草莓	17	31 765	540
桃	512	35 436	18 143
梨	1 531	14 710	22 521
葡萄	196	44 459	8 714

数据来源：2014 年朝阳县统计资料（农作物产量）。

由上述资料可得：朝阳县小麦、玉米、谷子、高粱以及薯类的种植范围比较广泛，尤其是以玉米和高粱最为突出；其中单产量以小麦、玉米、高粱和薯类位居前位，而油料作物和水果类只能达到自给自足或少部分用于零售的状况。

4.3.2　朝阳县特色种植业结构的目标规划

基于上述分析，针对朝阳县的农地流转促进特色种植业发展的研究，必须要同时兼顾生态效益和社会效益，制定出合理的种植结构方案，提高农地种植的经济效益和农民的经济收入。本书的研究运用目标规划原理对其进行分析与探讨。

（1）确定决策变量

以朝阳县为实证研究对象，选择朝阳县具有代表性的特色种植业的耕作面积作为决策变量 x_i（$i=1，2，\cdots，n$），$x_i \geqslant 0$ 来进行研究，其中重点考量苹果、梨、桃、山杏等少数优生林果的种植面积。根据朝阳县的统计年鉴资料，将各决策变量所对应的产品名称、各产品单位产量、现行市场价格的单位成本、产值以及所得的利润值汇总如下，如表 4-45 所示。

表 4-45　各决策变量所对应的数据

作物品种	变量（x_i）	成本（元/公顷）	产值（元/公顷）	单位利润（元）
小麦	x_1	4 155	8 240.0	4 085
玉米	x_2	4 668	9 120.0	4 452
谷子	x_3	2 798	7 360.3	5 562.3
高粱	x_4	3 765	12 768.5	9 003.5
大豆	x_5	1 242	5 564.3	4 322.3
绿豆	x_6	1 495	4 653.6	32 158.6
红小豆	x_7	1 565	3 423.2	1 858.2
马铃薯	x_8	3 526	23 745.0	20 219
油菜籽	x_9	365	754.0	389
芝麻	x_{10}	335	534.0	199
向日葵籽	x_{11}	3 635	5 865.6	2 230.6
棉花	x_{12}	1 585	3 643.2	2 058.2
苹果	x_{13}	3 000	14 337.0	11 337
梨	x_{14}	2 800	14 750.0	11 950
桃	x_{15}	3 300	6 000.0	2 700

（续）

作物品种	变量（x_i）	成本（元/公顷）	产值（元/公顷）	单位利润（元）
葡萄	x_{16}	3 500	9 696.2	6 196.2
山杏	x_{17}	2 450	4 346.8	1 896.8
西瓜	x_{18}	7 117	12 364.5	5 247.5
甜瓜	x_{19}	7 028	14 252.0	7 224
紫花苜蓿	x_{20}	740	2 231.8	1 491.8

（2）确定假定条件

在本实例的目标规划模型中，为了防止不可抗力因素所引起的目标无法实现的状况发生，在建立该目标规划时，假设以下几种情况：①假设朝阳县农地流转地区的种植条件和环境相对稳定，在种植过程中不会出现严重的自然灾害现象或其他不可抗力因素导致的农地流转种植面积发生重大变化的现象。②朝阳县政府政策可以充分调动青壮年劳动力，通过优化种植结构推动朝阳县的经济迅速发展。③假设国内市场对朝阳县的农副产品的需求不会有大幅度的变化，尤其是对高粱、小米、苹果等高产作物，其价格也不会出现较大的波动而导致农作物大量囤积的现象。④假设朝阳县的涉农设施以及其价格没有明显的变化，均在合理的范围之内，这些因素都是影响农作物单产、单位利润的重要因素。

（3）确定约束条件

整理 2014 年统计年鉴，朝阳县水田作物的种植规模较小，所以在本实例中水田的种植面积忽略不计。在计算农地流转的种植面积时（不包括水田的种植面积），梯田用地可用来种植经济林木或者牧草植被。因此，该模型的约束条件中耕作面积（主要包括缺水区域的土地面积以及灌溉地的面积）总共81 473.32 公顷。即：

$$\sum_{i=1}^{n} x_i \leqslant 81\ 473.32 (i = 1, 2, \cdots, n)$$

特色种植业的耕作面积是农民的直接经济收入来源，所以确保其种植结构在合理的统筹范围内尤为重要。基于其重要性，须将其保证在获得利益的耕作面积范围内，故最小的种植面积可用约束方程（4-12）表示：

$$x_i \geqslant \omega_i (i = 1, 2, \cdots, n) \tag{4-12}$$

在研究农作物产品时，还要考虑到不易储存、容易腐烂且在市场中供求不平衡的水果，例如：首先是水果中的桃，属于易变质食物，不易保管，难以保证其完好性；其次就是葡萄，属于需要精心呵护的水果，易发生磕碰导致受损；最后是西瓜，虽然每年的投资金额大，但其投资回报率较低，入不敷出，再加上缺乏种植的技术操作规范性，导致耕种面积逐年减少。

综上所述，基于上述三种水果的特殊性，其耕作面积分别假设在 600 公顷、500 公顷、300 公顷内，即得计算式（4 - 13）：

$$\begin{cases} x_{15} \leqslant 600 \\ x_{16} \leqslant 300 \\ x_{18} \leqslant 50 \end{cases} \qquad (4 - 13)$$

依据朝阳市朝阳县种植业发展的总体规划，为了能够使朝阳县的经济效益有明显的增长，以现有的种植结构为考量，确定它们之间依存关系：①小麦、谷子、玉米和高粱被视为基础农作物产品，可以进行大量的种植，但是从每年的产量上分析，只有玉米的年产量呈逐年递增趋势。高粱的实际种植面积大于小麦和谷子的种植面积，则假设玉米种植面积大于等于高粱的 2 倍，即 $x_4 \geqslant x_1 + x_3$，$x_2 - 2x_4 \geqslant 0$。②大豆、绿豆、红小豆都是有丰富蛋白质的农产品，作为朝阳县特色农产品之一，大豆年产量位居全市第一，所以规划其种植面积须大于等于绿豆的 2 倍，且大于等于红豆的 1.5 倍，即 $x_5 - 2x_6 \geqslant 0$，$x_5 - 1.5x_7 \geqslant 0$。③薯类和玉米产品是朝阳县的主导产业之一。通过引进先进的科学技术和思想理念，在增加薯类和玉米产品年产量的同时，也保证了其质量。不仅提高了农民收入水平，而且推动朝阳县的特色种植业发展。因此在朝阳县的农业发展规划中将马铃薯作为重点发展的种植业产品。在实例研究中假设马铃薯的耕作面积为玉米的 1/4 倍，即 $x_8 = 1/4x_2$。④苹果是朝阳县比较传统的果业产品，口感良好，价格稳中有升，推动了果业的发展，在增加农民经济收入的同时，也提高了农民的劳动积极性。因此假设苹果的耕作面积大于等于梨、桃子、葡萄耕作面积总和的 3 倍，即 $x_{13} - 3x_{14} - 3x_{16} \geqslant 0$。⑤苜草作为重要的牧草兼防护草，在朝阳县主要用于饲养牛羊牲畜。目前市场中紫花苜蓿居多，这个品种比较容易栽培养殖，且年产量也呈逐年上升的趋势。研究中假设紫花苜蓿的耕作面积小于等于玉米耕作面积的 0.8 倍，即：$x_{20} - 0.8x_2 \leqslant 0$。⑥西瓜易于存活，质量良好，在市场流转中的成交率高于甜瓜，在实例研究中，假设西瓜的耕作面积大于等于甜瓜的 3 倍，即 $x_{18} \geqslant 3x_{19}$。

以上分析用约束方程可表示如下：

$$\text{s.t} \begin{cases} x_4 \geqslant x_1 + x_3 \\ x_2 - 5x_4 \geqslant 0 \\ x_5 - 2\ x_6 \geqslant 0 \\ x_5 - 1.5\ x_7 \geqslant 0 \\ x_8 = 1/4x_2 \\ x_{12} - 3x_{14} - 3x_{15} - 3x_{16} \geqslant 0 \\ x_{20} - 0.8\ x_2 \leqslant 0 \\ x_{18} \geqslant 3x_{19} \end{cases} \qquad (4-14)$$

（4）目标方程的转化

依据朝阳县的农业政策总体规划部署，以发展特色种植业为主，以促使谷子、大豆、小麦、高粱、马铃薯、苹果、紫花苜蓿的耕作面积的期望值达到最大化作为研究目标。假定朝阳县年利润的期望值 $g_1 = 55\ 000$ 万元，小麦、谷子、高粱、大豆、马铃薯、苹果、紫花苜蓿年耕作面积的期望值分别为：

$g_2 = 6\ 000$ 公顷，$g_3 = 5\ 000$ 公顷；

$g_4 = 7\ 000$ 公顷，$g_5 = 4\ 000$ 公顷；

$g_6 = 4\ 000$ 公顷，$g_7 = 8\ 000$ 公顷，$g_8 = 6\ 000$ 公顷

依据上述各类产品的期望值，形成新的约束条件如下：

$$\sum_{i=1}^{20} a_i x_i - \sum_{i=1}^{20} b_i x_i + d_1^- - d_1^+ = 5.5 \times 10^8$$

$$\text{s.t} \begin{cases} x_1 + d_2^- - d_2^+ = 6\ 000 \\ x_3 + d_3^- - d_3^+ = 5\ 000 \\ x_4 + d_4^- - d_4^+ = 7\ 000 \\ x_5 + d_5^- - d_5^+ = 4\ 000 \\ x_8 + d_6^- - d_6^+ = 4\ 000 \\ x_{14} + d_7^- - d_7^+ = 8\ 000 \\ x_{20} + d_8^- - d_8^+ = 6\ 000 \end{cases} \qquad (4-15)$$

通过上述分析，目标规划模型的建立是在保持农用地生态平衡的基础上，以种植农产品获得利益为主要目标，提高区域的经济效益，推动农业经济的发展。同时在具体的实施过程中，充分考虑薯类、杂粮类、果业类等特色种植业的种植规模，争取实现其耕作面积达到最大化的目标。运用偏离变量的原理方法，计算目标函数方程利润值的偏差，使其所计算的偏差小于期望利润值的结

果，而且偏差结果值越小越好。

因此，确定新目标函数的利润值为 q_1，形成的目标方程如下：

$$\min f = q_1 d_1^- + d_2^- + d_3^- + d_4^- + d_5^- + d_6^- + d_7^- + d_8^- \quad (4-16)$$

依据上述的假设条件，确定朝阳县特色种植业最优种植结构的目标规划方程，如式（4-17）所示：

$$\min f = d_1^- + d_2^- + d_3^- + d_4^- + d_5^- + d_6^- + d_7^- + d_8^-$$

$$\text{s. t}\begin{cases} \sum_{i=1}^{20} a_i x_i - \sum_{i=1}^{20} b_i x_i + d_1^- - d_1^+ = 5.5 \times 10^8 \\ \sum_{i=1}^{n} x_i \leqslant 81\ 473.32(i=1,2,\cdots,n) \\ x_1 + d_2^- - d_2^+ = 6\ 000 \\ x_3 + d_3^- - d_3^+ = 5\ 000 \\ x_4 + d_4^- - d_4^+ = 7\ 000 \\ x_5 + d_5^- - d_5^+ = 4\ 000 \\ x_8 + d_6^- - d_6^+ = 4\ 000 \\ x_{14} + d_7^- - d_7^+ = 8\ 000 \\ x_{20} + d_8^- - d_8^+ = 6\ 000 \\ x_4 \geqslant x_1 + x_3 \\ x_2 - 2x_4 \geqslant 0 \\ x_5 - 2x_6 \geqslant 0 \\ x_5 - 1.5x_7 \geqslant 0 \\ x_8 = 1/4x_2 \\ x_{13} - 3x_{14} - 3x_{15} - 3x_{16} \geqslant 0 \\ x_{20} - 0.8x_2 \leqslant 0 \\ x_{18} \geqslant 3x_{19} \\ x_{15} \leqslant 600 \\ x_{16} \leqslant 300 \\ x_{18} \leqslant 500 \end{cases} \quad (4-17)$$

$$x_i \geqslant \omega_i \quad \omega_i \geqslant 0(i=1,2,\cdots,n)$$

此目标模型的计算运用 Lindo6.1 软件进行求解。

4.3.3 朝阳县特色种植业结构的优化方案

运用 Lindo6.1 软件对上述的目标规划方程和约束条件进行分析，代入系统计算所得的数据如表 4-46 所示：

表 4-46 特色种植业的变量计算结果

特色种植业产品	变量 (x_i)	决策变量（公顷）	正偏离变量（公顷）	负偏离变量（公顷）	比例（%）	利润总额（万元）
小麦	x_1	6 000.00	0	0	8.51	2 451.00
玉米	x_2	22 000.00	0	0	31.22	9 794.40
谷子	x_3	5 000.00	0	0	7.09	2 781.15
高粱	x_4	7 423.1	423.10	0	10.53	6 683.39
大豆	x_5	4 000.00	0	0	5.30	1 728.92
绿豆	x_6	1 756.70	0	266.70	2.49	5 649.30
红小豆	x_7	2 397.68	0	0	3.40	445.54
马铃薯	x_8	4 776.32	776.32	0	6.78	9 657.24
油菜籽	x_9	90.00	0	0	0.13	3.50
芝麻	x_{10}	160.00	0	0	0.23	3.18
向日葵籽	x_{11}	650.00	0	0	0.92	145.00
棉花	x_{12}	87.00	0	0	0.12	17.91
苹果	x_{13}	8 317.30	317.30	0	11.8	9 429.32
梨	x_{14}	8 137.20	0	0	1.61	9 023.95
桃	x_{15}	442.57	0	157.43	0.63	119.49
葡萄	x_{16}	275.00	0	0	0.39	170.40
山杏	x_{17}	83.00	0	0	0.12	15.74
西瓜	x_{18}	113.00	0	0	0.16	59.30
甜瓜	x_{19}	31.60	0	0	0.04	22.83
紫花苜蓿	x_{20}	6 000.00	0	0	8.51	895.1

由表 4-46 可得出以下结论：

（1）高粱、马铃薯以及苹果的耕作面积分别超出期望值的 423.10 公顷、776.32 公顷、317.30 公顷，高粱作为朝阳县主要的粮食作物，其营养价值丰富，消费市场前景好，应该增加其耕作面积；尤其是马铃薯，作为朝阳县的特色种植业产品，它不仅是朝阳县最具有传统意义的特色种植业，而且还是农业发展政策中重点扶持的特色种植业,因此朝阳县应扩大马铃薯的耕作面积。同时还有苹果,这是果业类的代表性产品,年产量位居榜首,是农民主要的经济收入来源之一。基于上述的论证,可得出对于这三种特色种植业应该相应地扩大其耕作面积,有利于推动朝阳县的经济发展。

(2)绿豆的耕作面积小于 266.70 公顷,主要原因是建平县的绿豆已在市场占据了主要地位,因此导致朝阳县的绿豆成交率低,由此形成了绿豆的预期耕作面积小于期望值的现象。

(3)桃的耕作面积小于 157.43 公顷,考虑到桃不易储存,运输成本高的原因,再加上新品种的引进所带来的潜在风险,故其种植面积小于期望值。

(4)规划的朝阳县 81 473.32 公顷农用地中,大约 8% 用来种植没有直接经济利润的防护林草,其目的是不仅要考虑到经济效益,同时还要考虑生态效益。

依据表 4-46 的计算结果,将目标规划后的种植结构以图 4-1 表示:

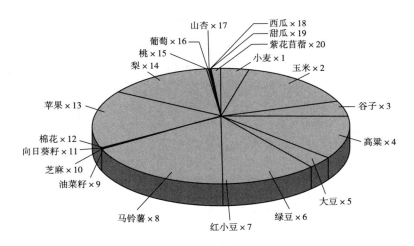

图 4-1　目标规划后朝阳县种植布局图

由图 4-1 可看出,从比例分配上判断,玉米、马铃薯、苹果以及高粱所占比例较大,所以这四大类产品是朝阳县最具有特色的种植业。

4.4　本章小结

本章采用实证研究的方法,运用可拓方法和目标规划建立相应地模型:

（1）结合朝阳市农地流转的实际情况，收集 2005—2014 年农业经济的统计年鉴数据，对统计资料进行整理分析，建立朝阳市特色种植业总体种植的可拓模型，根据空间发展模式理论（划分为两个时间段）进行特色种植业的规划布局。

（2）在对朝阳市各县市区其特色种植业的耕作面积和种植产量的经典域和节域确定的基础上，明确了朝阳市最具特色的种植业：高粱、马铃薯、大豆以及玉米，并对其进行种植业种植方案的可拓分析。

（3）在确定特色种植业产品种植结构的基础上，以朝阳市朝阳县为研究实例，运用目标规划的方法，确定约束条件，以特色种植业耕作面积的期望值最大化为研究目标，经过目标转化，确定玉米、马铃薯、苹果以及高粱属于具有特色的种植业，应扩大其耕作面积。

（4）针对可拓决策的问题进行研究，运用目标规划的原理与方法，构建特色种植业最优种植结构的模型，为下一章节的研究奠定了理论基础。

第 5 章 农地流转促进特色种植业发展的动态研究

5.1 系统动力学的应用思想

系统动力学（System Dynamics，SD）由麻省理工学院的福瑞斯特教授提出，应用于各个研究领域中。这一思想理念将系统科学理论与计算机仿真系统进行了交叉综合，以系统科学为研究对象，分析系统内部的相互反馈行为的科学，在管理科学中有举足轻重的地位。

系统动力学主要解决复杂系统之间的问题，以逻辑推理为主，具体的系统分析就是学习、调查、研究的过程。

在 SD 理论基础上，其具备以下几个特征：

（1）系统动力学主要是研究复杂系统，针对多变的社会系统，以其变量为研究对象，探讨社会系统内在和外在的关系。

（2）在对系统动力学原理认知的基础上，通过建立相关的结构模型，依此掌握系统的逻辑性和系统性，运用系统仿真的理论，预测系统未来发展的动态趋势。由此可见，系统动力学原理是一种定性与定量有机结合的数学方法。

（3）系统仿真原理将现实与模拟仿真相结合，在对社会系统进行充分调查的基础上，结合系统动力学 Vensim v6.0 软件对其进行仿真预测，利用计算机高效的运算能力评价与分析，为选择可行的决策方案提供了理论基础。

（4）系统动力学运用系统仿真原理，研究系统在一定时期内各种变量在时间推移的过程中发生的变化，预测系统未来的动态发展规律。同理可得，系统动力学原理适用于研究复杂多变的社会系统问题。

5.2 系统动力学解决问题的步骤

系统动力学解决问题步骤流程图，如图 5-1 所示。

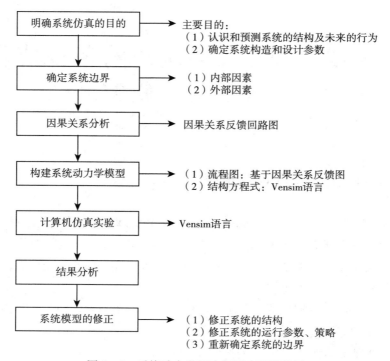

图 5-1　系统动力学解决问题步骤流程图

5.3　农地流转促进特色种植业发展系统的特征

（1）系统结构的复杂性

农地流转促进特色种植业发展系统是一个庞大的、复杂的生态-经济-社会相结合的系统，资源种类繁多，耕作的地理位置各不相同，再加上劳动力的数量和区域经济的发展都是制约特色种植业产品规划的因素，所以系统对于特色种植业产品种类的划分更为具体。

特色种植业系统中，以重要性为层次划分原则，研究不同层次的因素中内因与外因的关系，确定影响其发展的首要因素。若研究的系统为动态变化状态时，相互影响的因素之间既有积极作用，也有消极作用。因此在对系统的研究过程中，找出影响问题的关键因素，将不相容问题转化成相容问题。

（2）系统是一个追求多目标统筹兼顾的开放性系统

农地流转促进特色种植业发展系统是一个多目标的系统，研究矛盾问题时须将生态效益、经济效益和社会效益进行统筹考虑，推动区域的经济发展，增加经济效益。特色种植业的发展是一个动态系统，在分析研究时要将内外部因素统一结合，充分考虑所研究问题的空间与时间的关系，对系统进行动态的预测分析。

（3）系统具有不确定性

由于系统易受外界环境的因素影响，这些因素变化多样，同时也给系统带来不确定性风险。由于特色种植业发展系统在实施过程中，需要充足的人力、物力与财力再加上所涉及专业领域广，往往会不定期地出现风险，影响系统的评价判断，最终影响到特色种植业区域经济的发展。

5.4　农地流转促进特色种植业发展的系统分析

农地流转促进特色种植业发展所涉及的专业领域范围广、内在联系较为复杂，是结构紧密结合的整体。建立农地流转促进特色种植业发展的模型，以系统的核心思想（生态-经济-社会系统的协调发展）为指导，运用系统仿真分析方法，研究特色种植业的发展，分析影响其发展的原因，采用 Vensim v6.0 做系统性分析进行模拟仿真。

利用系统动力学的系统性和整体性的特征，探讨影响朝阳市朝阳县农地流转的主要因素，从以下三方面着手研究：

首先，结合当前我国的农地流转政策与制度，考虑地理位置与资源条件，为农地流转促进特色种植业发展奠定理论基础；其次，结合朝阳县的劳动力条件以及其他产业的发展，分析农地流转所带来的影响；最终，构建农地流转促进特色种植业发展的动态因果反馈关系图（图 5-2），促进生态-经济-社会系统协调发展。

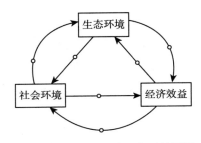

图 5-2　农地流转促进特色种植业发展的因果反馈关系图

5.4.1　生态环境系统

实施农地流转的政策中最为重要的就是生态环境的保护问题，在不影响生态环境的前提下，对农地流转进行预期的统筹规划以及合理布局，其关键在于减少水土流失的现象，防止生态环境进一步恶化（图5-3）。

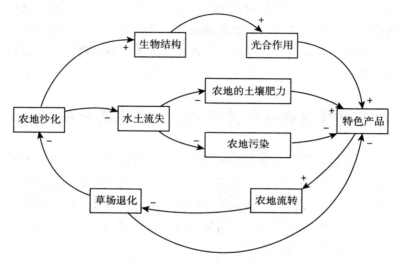

图5-3　生态系统因果关系图

实施农地流转促进特色种植业发展，首先要把生态环境的保护放在首位，在此基础上推动产业经济的发展；其次，在发展经济的同时保护生态环境，促进良好的生态建设，积极从事特色种植业的发展，有效地治理水土流失，防治土地荒漠化的蔓延。同时大力提倡建设生态农业的理念，转变传统的农业生产方式，统筹兼顾生态、经济与社会协调统一的关系，促进朝阳县的经济发展。

5.4.2　社会环境系统

农村土地制度的改革是农村改革的关键和核心。每年由于农地流转而引起土地纠纷是政府最棘手的问题，一旦处理不当，就会导致农民之间的矛盾冲突，影响农村的和谐发展。由此可看出，推进农村土地有序地流转，必须以保证农村和谐发展为前提条件。

（1）农地流转促进特色种植业发展与政府政策的关系分析

要科学立法，完善农村法律体制，建立符合农村长远发展和农民现实利益的资产法律法规体系，完善各项规章制度，明晰产权责任，规范权利与义务，确保农村土地流转中有法可依。

要加强农地流转合同的规范化管理，确保农地流转交易按合同要求，进行公开、公正、公平以及规范化的操作，严肃处理农地流转中故意侵害农民利益的违法违规行为。同时，要尽量避免农户与投资企业在农地流转中的政策风险与法律风险。

要保障农地流转规模的科学性。农村土地流转规模要科学考虑新型城镇化的发展、劳动力转移的规模、农业科学技术进步水平、农民的管理水平，以及农民的接受程度，切不可盲目追求经营规模指标的书面化，片面化的求快、求大，应维护农民的权益不受侵害，宏观调控政策因果关系图如图 5-4 所示。

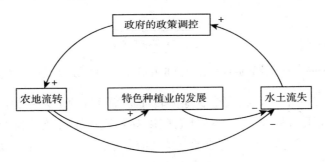

图 5-4　宏观调控政策因果关系图

（2）农地流转促进特色种植业发展与农作物生产的关系分析

在研究促进特色种植业发展的过程中，必须协调好农作物和生态环境之间的关系，在最大程度地满足农作物需求的前提条件下，开展生态环境保护的工作。

农地流转促进特色种植业发展与其生产有着密切的联系，它们相互制约又相互促进，推动经济的发展，提高农作物的生产效率，从而增加农作物的耕种面积和产量（图 5-5）。

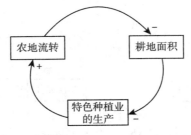

图 5-5　农地流转促进特色种植业发展与农作物生产的因果关系图

在实施农地流转促进特色种植业发展的同时，除了考虑与生产的关系外，最重要的就是要满足农民对农作物供给量的需求。可运作过程中，由于农地流转需求日益俱增，导致农作物的耕地面积在逐年减少，难以满足农作物的需求，最终形成新的因果关系图（图5-6）。

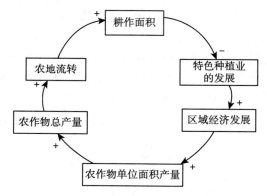

图5-6 农地流转促进特色种植业发展与农作物生产新的因果关系图

由图5-6可看出，在实施农地流转促进特色种植业发展的同时，在确保农作物市场需求的基础上，合理规划朝阳县农地流转特色种植业发展的前瞻性，合理布局朝阳县特色种植业的范畴，有效地改善生态环境，提高农作物的生产效率，促进特色种植业的可持续性发展。

（3）农地流转促进特色种植业发展与劳动力的关系分析

目前农村常年留守的大多是老人和儿童，大量的农村青壮年劳动力外出务

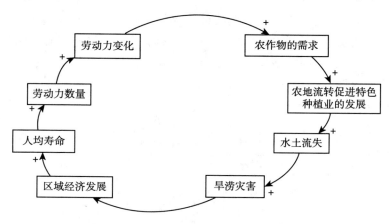

图5-7 劳动力与农地流转的因果关系图

工，呈现出劳动力严重不足的现象，导致从事农业活动的劳动力不断减少，放弃了农业耕作行为，无形中造成农村土地资源的浪费，使得大量的可耕地闲置荒废，再加上相当一部分人并不愿意把闲置的土地承包出去，因此农地浪费和流转困难的现象频频发生，最终导致农作物生产效率的降低。劳动力与农地流转的因果关系图如图 5-7 所示。

5.4.3　经济环境系统

在农业生产持续发展的过程中，贯彻执行农业生产方针政策，有助于农业实行绿色发展。农地流转促进特色种植业的发展，首先要考虑朝阳县的经济状况，发展与本区域有紧密联系的相关产业，同时利用不同产业之间的关系，在保护生态环境的前提下，推动朝阳县的经济发展，增加农民的经济收入。

农地流转促进特色种植业发展与经济发展是相辅相成的，有利于促进当地经济的迅速发展，而当地的经济发展程度又促使着农地流转工作的顺利开展，两者相辅相成。

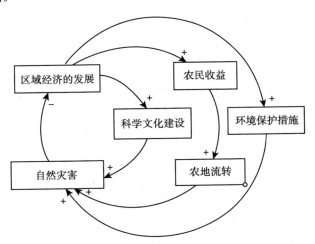

图 5-8　经济发展与农地流转的因果关系图

从图 5-8 可知，农地流转促进特色种植业的发展，在考虑农民切身利益的同时，积极参与到科学文化建设以及保护生态环境当中。在实施农地流转过程中，始终坚持把保护生态环境放在首要地位，同时兼顾区域经济发展和农民利益的统一，鼓励农民从事农业生产活动，贯彻执行农地流转的政策，适当调整农业产业结构，有力地实现生态与经济持续发展的统一。

5.4.4 特色种植业发展系统间的因果关系图

在特色种植业的发展中，把特色种植业产品的产出量作为加工业的原材料储备，有利于促进种植业和制造业的发展，提高特色种植业的产值和增加农民的经济收入。最终要实现以下两个目标：①在推动朝阳县经济发展的同时，增加农民的收入。②缓解农村青壮年劳动力外出的现象，促使劳动力的人口数与收入成正比。

由此可得，发展特色种植业为主的各子系统之间存在着相互影响又相互作用的关系。

5.4.5 特色种植业系统间的 SD 流程图

系统动力学流程图是在系统因果关系图的基础上构建，运用系统仿真软件对其进行求解的过程。

根据特色种植业发展的因果关系图（图 5-9），综合考虑影响各个变量因素之间的关系，针对各个子系统的因果关系设置状态变量、速率变量和辅助变量。在此基础上，构建农地流转促进特色种植业发展的 SD 流程图（图 5-10），其具体 SD 流程图变量表详见表 5-1。

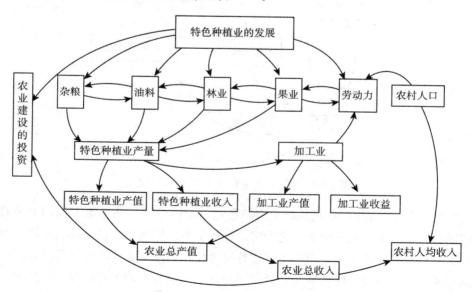

图 5-9　特色种植业发展的各子系统之间的因果关系图

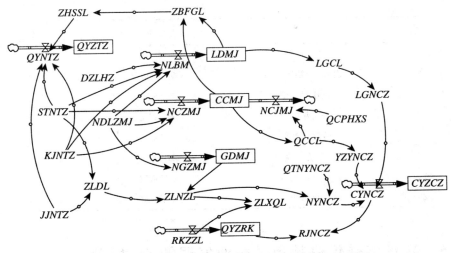

图 5 - 10　农地流转促进特色种植业发展的 SD 流程图

表 5 - 1　农地流转促进特色种植业发展 SD 流程图变量表

序号	变量	代码	单位
1	灾害损失量	ZHSSL	吨
2	植被覆盖率	ZBFGL	%
3	禽业总投资	QYTZT	万元
4	禽业年投资	QYNTZ	万元
5	生态设施年投资	STNTZ	万元
6	科学文化年投资	KJNTZ	万元
7	经济年投资	JJNTZ	万元
8	杂粮单产量	ZLDL	千克/公顷
9	年草场增加面积	NCZMJ	公顷
10	年耕地增加面积	NGZMJ	公顷
11	人口增长率	RKZZL	%
12	林地面积	LDMJ	公顷
13	草场面积	CCMJ	公顷
14	耕地面积	GDMJ	公顷
15	区域总人口	QYZRK	人
16	杂粮需求量	ZLXQL	吨
17	年草场减少面积	NCJMJ	公顷

（续）

序号	变量	代码	单位
18	禽畜产量	*QCCL*	吨
19	其他农作物年产值	*QTNYNCZ*	万元
20	农业年产值	*NYNCZ*	万元
21	人均年产值	*RJNCZ*	万元
22	劳动年产值	*LGNCZ*	万元
23	劳动产值	*LGCL*	万元
24	草业年产值	*CYNCZ*	万元
25	草业总产值	*CYZCZ*	万元

5.5 农地流转促进特色种植业发展的 SD 模型

5.5.1 经济

本章节实证研究对象是朝阳县，依托地域资源优势，以高质量种植业项目为中心，大力发展种植业农产品精深加工业，壮大杂粮、经济林、果业等种植业优势，全力打造绿色优质农业产业链。到 2025 年，特色农业竞争力显著增强，建成全国优质种植业农产品加工基地，京津冀绿色优质农产品供应基地。朝阳县经济发展的整体规划布局如表 5-2 所示：

表 5-2 朝阳县经济发展的整体规划

经济总产值	考察对象	影响因素
农业产值	杂粮类	自然条件、采用的先进科技设备、先进的思想理念
林果业产值	经济林、鲜果	林地面积、林龄、农业经济投资及受灾的程度
其他产业产值	采集野生植物	种植面积、农业经济的投资及自然气候的影响

依据朝阳县经济发展的总体规划布局（表 5-2），将其进行系统性的分析：

（1）朝阳县总产值

L *CYXZCZ. K=CYXZCZ+DT×CYXNCZ. JK*

A *CYXNCZ. KL=NYNCZ. KL+YZYNCZ. KL+LYNCZ. KL*
$$+GYNCZ. KL+QTCYNCZ. KL$$

（2）朝阳县农业年产值

A　$CYXNYNCZ.K=ZZMJ.K\times ZLDJ.K+QTNZWCZ.K$

A　$CYXZLNCL.K=GKMJ.K\times ZLZMJBL.K\times ZLDL.K$

A　$CYXZLDL.K=f(STNTZ.K，KJNTZ.K，JJNTZ，K)$

A　$CYXQTNZWCZ.K=ZZMJ.K\times (1-ZLZZZBL.K)\times QTNZWJG.K$

（3）朝阳县林业年产值

L　$CYXLDZMJ.K=LDZMJ.J+DT\times LDZMJBL.JK$

A　$CYXLDMJBL.KL=NDLZL.K/(2\,044-TIME.K)+SLFGL.K\times$
$\qquad\qquad LDZMJ.K/(2\,044-TIME.K)$

C　$ZZZMJ.K=CLIP(LDZMJ.K\times ZZZXS，ZZZMJ，TT.K，2005，2044)$

A　$ZCL.K=ZZZMJ.K\times ZMC.K\times 10$

C　$ZHGL.K=CLIP(ZCL.K\times ZHGBL.K，ZHGL，TT.K，2005)$

R　$GZCZ.K=ZHGL.K\times GZDJ.K/10$

C　$ZJGL.K=CLIP(ZCL.K\times ZJGBL.K，ZJGL，TT.K，2005)$

A　$ZJGCZ.K=ZJGL.K\times ZCPDJ.K/10$

A　$CYXLYZCZ.K=ZYZCZ.K+STXZCZ.K+SJCZ.K+HTCZ.K+$
$\qquad\qquad JJLCZ.K$

A　$CYXLYZSR.K=ZYZSR.K+STXZSR.K+SJSR.K+HTSR.K+$
$\qquad\qquad JJLSR.K$

R　$ZYJSB.K=(ZHGSR.K+ZJGSR.K)/LYZSR.K$

（4）朝阳县果业年产值

L　$CYXGYMJ.K=GYMJ.J+DT\times GYMJBL.JK$

A　$CYXGHMJBL.KL=(GGHMJ.K\text{-}GYMJ.K)/(2\,035-TIME.K)$

A　$PGCL.K=PCMJ.K\times PGMC.K\times 10$

C　$PGCZ.K=CLIP(PGCL.K\times PGDJ2.K\times PJGXS/10，$
$\qquad PGCL.K\times PGDJ1.K\times 0.97/10，TT.K，2005)$

A　$CYXGYZCZ.K=PGCZ.K+LCZ.K+PTCZ.K+TCZ.K+XCZ.K$

A　$GNSR.K=GYZCZ.K\times GYCSB.K$

A　$GPJGL.K=(PGCL.K+LCL.K+PTCL.K+TCL.K+XCL.K)$
$\qquad\qquad \times CLIP\,(GJGB1，GJGB2，TT.K，2005)$

A　$GPJGCZ.K=GPJGL.K\times GCPDJ.K$

A　$GPJGSR.K=GPJGCZ.K\times GJGSB$

A $CYXGYZTZ.K = XGZTZ.K + GJGTZ.K$

（5）朝阳县草业年产值

L $CCZMJ.K = CCZMJ.J + DT \times CMJBH.JK$

A $CMJBH.KL = CCMJ.K \times CZJL.K + NDHC.K$

A $YZYZCZ.K = YNZCZ.K + YYZCZ.K + YZZCZ.K + YJQZCZ.K$

R $YYCZB.K = YYZCZ.K / YZYZCZ$

（6）朝阳县其他产业年产值

A $CYXQTCZ.K = CYXQTCYCZ.J \times CYXQTCYZB$

5.5.2 生态

（1）种植面积

L $ZZMJ.K = ZKMJ.J + DT \times (NZZMJ.JK - NZZJSMJ.JK)$

R $NZZMJ.KL = NNDLZMJ.K$

（2）草场总面积

L $CCZMJ.K = CCZMJ.J + DT \times (NCCZJMJ.JK - NCCJSMJ.JK)$

R $NCZMJ.KL = STSSNTZ.K \times ZZTZBL.K / DWZCTZ.K$

R $NCJMJ.KL = CYXQCCL.K \times QCPHXSB$

（3）林地总面积

L $LDZMJ.K = LDZMJ.J + DT \times (NLDZMJ.JK - NLDJMJ.JK)$

5.5.3 社会

（1）政府投资总额

L $ZFZTZ.K = ZFZTZ.J + DT \times ZFNTZ.JK$

A $ZFNTZ.KL = PJNTZ.K - ZHSSL.K$

（2）劳动力现状

①总人口

L $CYXZRK.K = CYXZRK.J + DT \times RKZZL.J \times CYXZRK.J$

A $RKZZL.KL = RKCSL.KL - RKSWL.KL$

②劳动力人口

A $LDLRK = GDMJ.K + LDMJ.K + CCMJ.K$

A $LDLREBL.K = LDLRK.K / CYXZRK.K$

A $RKMD.K = CYXZRK.K / CYXZMJ$

③人均年产值

A　$RJNCZ.K=CYXNCZ.K/CYXZRK.K$

④劳动力转移

A　$LDLX.K=GKMJ.K+LDMJ.K+CCMJ.K+QTCY.K$

A　$LDLZ.K=CYXZRK.K×LDLB$

A　$LDLZY.K=LDLZ.K-LDLX.K$

（3）农作物问题

R　$NZWXQ.K=CYZRK.K×RJNXH.K$

A　$NZWNCL.K=GDMJ.K×NZWDL.K$

A　$NZWDL.K=f(STNTZ.K，KJNTZ.K，JJNTZ.K)$

A　$NZWGYL.K=NZWXQ.K-NZWBT.K-NZWNCL.K$

结合上述方程式，现将相关的符号含义归类，详见表 5 - 3（a）和表 5 - 3（b）：

表 5 - 3　（a）　朝阳县特色种植业发展的系统动力学方程式变量表

序号	变量	代码	单位
1	朝阳县总产值	CYXZCZ	万元
2	朝阳县年产值	CYXNCZ	万元
3	朝阳县农业年产值	CYXNYNCZ	万元
4	生态设施年投资	STSSNTZ	万元
5	杂粮年产量	ZLNCL	吨
6	杂粮价格	ZLJG	元/千克
7	种植面积	ZZMJ	公顷
8	杂粮面积占种植面积比例	ZLZZZBL	％
9	杂粮单产	ZLDL	千克/公顷
10	生态设施年投资	STNTZ	万元
11	科学文化年投资	KJNTZ	万元
12	经济年投资	JJNTZ	万元
13	其他农作物价格	QTNZWJG	元/千克
14	草场总面积	CCZMJ	公顷
15	朝阳县林地总面积	CYXLDZMJ	公顷
16	朝阳县林业总产值	CYXLYZCZ	万元

（续）

序号	变量	代码	单位
17	朝阳县果业总产值	CYXGYZCZ	万元
18	果品加工产值	GPJGCZ	万元
19	林地总面积	LDZMJ	公顷
20	朝阳县其他产业产值	CYXQTCYCZ	万元
21	朝阳县其他产业增长的比例	CYXQTCYZB	%
22	朝阳县果业年产值	CYXGYZCZ	万元
23	年土地增加面积	NTDMJ	公顷
24	年种植减少面积	NZZJSMJ	公顷
25	年农地流转面积	NNDLZMJ	公顷
26	年草场增加面积	NCCZJMJ	公顷
27	草场减少面积	NCCJSMJ	公顷
28	农作物补贴	NZWBT	元

表 5-3（b） 朝阳县特色种植业发展的系统动力学方程式变量表

序号	变量	代码	单位
1	农作物年产量	NZWNCL	吨
2	植草投资比例	ZCTZBL	%
3	单位植草总投资	DWZCTZ	万元
4	禽畜对草场破坏系数	QCPHXS	—
5	年林地增加面积	NLDZMJ	公顷
6	年林地减少面积	NLDJMJ	公顷
7	种植投资比例	ZZTZBL	%
8	政府总投资	ZFZTZ	万元
9	政府年投资	QYNTZ	万元
10	政府平均年投资	PJNTZ	万元
11	灾害损失量	ZHSSL	吨
12	区域总人口	QYZRK	人
13	人口增长率	RKZZL	%
14	人口出生率	RKCSL	%
15	人口死亡率	RKSWL	%
16	劳动力人口	LDLRK	人

（续）

序号	变量	代码	单位
17	人均年产值	*RJNCZ*	万元
18	朝阳县年产值	*CYXNCZ*	万元
19	劳动力比例	*LDLB*	%
20	劳动力转移	*LDLZ*	人
21	农作物需求量	*NZWXQ*	吨
22	农作物年产量	*NZWNCL*	吨
23	农作物单产	*NZWDL*	千克/公顷
24	生态年投资	*STNTZ*	万元
25	科技年投资	*KJNTZ*	万元
26	经济年投资	*JJNTZ*	万元

5.6　特色种植业发展 SD 模型参数的确定与方案设计

5.6.1　确定主要参数

系统动力学是以研究复杂系统之间的行为特征为主，运用系统仿真技术解决系统内外部复杂关系的一种技术手段，从而制定出有效的策略。系统动力学模型参数大致可分为两类：

（1）表示系统客观属性的参数

①固定参数，不随时间的变化而变化的参数。

②时变参数，随着时间的推移呈递增或递减的趋势，运用 Vensim V6.0 进行计算。

（2）表示系统决策的参数

这种参数是系统建模并进行仿真优化的核心。

5.6.2　仿真方案的设计

农地流转促进特色种植业发展是一个复杂系统，大致有前期的决策研究阶段、初步设计阶段、技术设计阶段等步骤。在前期的决策研究阶段，依据特色种植业发展系统的期望值，对优化方案进行量化分析，对所研究的区域进行优势与劣势对比分析，真正探讨特色种植业发展的可行性程度，为科学合理的建立系统仿真设计奠定基础。在初步设计阶段，基于前期可行性研究的内容，确定特色种植业发展的系统仿真设计参数。在技术设计阶段中，建立特色种植业发展的系统模型，运用 Vensim V6.0 进行运算，合理预测特色种植业未来的发展趋势。

根据区域经济学的发展理论，针对朝阳县的经济发展现状，本书以特色种植业发展为导向，选择适合朝阳县实际情况发展的调控参数，并通过调整控制参数进行系统仿真的研究，对模型数据和实际值进行对比分析，科学合理地对未来的发展进行动态趋势的预测。

5.7　本章小结

本章主要内容是在充分掌握系统建模流程的基础上，以朝阳县经济发展为研究对象，对其进行具体的仿真系统方案的设计与规划。

在充分了解农地流转促进特色种植业发展的整体特征基础上，运用系统动力学的理念与思想，研究特色种植业系统分别与生态环境、社会环境和经济环境系统之间的因果关系，并构建各自的因果关系图。

同时在此基础上，建立农地流转促进特色种植业发展的 SD 流程图，以及确定生态环境、社会环境和经济环境系统之间关系的相应变量的方程式，对农地流转系统进行仿真方案的设计。运用 Vensim V6.0 对模拟数据和实际数据对比分析，科学合理预测特色种植业预期的发展趋势。

第 6 章　农地流转促进特色种植业发展的动态实证研究

——以辽西地区为例

6.1　朝阳市

　　朝阳市位于辽宁省西部，地处内蒙古高原向沿海平原过渡的阶梯分界地带，以低山、丘陵为主要地形特征，属于山地丘陵地带，地势为北及北西、西南偏高，向东变低，形如一个向东开口的簸箕。朝阳市总面积为 19 698 平方千米，约占辽宁省总面积的 13.1%，位居全省第一位。朝阳市综合农业区划分是以县级综合农业区划分为基础，以农业地域差异性为依据，借鉴历史农业分区的基本经验，按照划分的基本原则和指标要求，采用指标法即自然和经济两个因素的指标，将朝阳市划分为三个农业区，即北部低山丘陵林牧油区、中部丘陵沿河棉粮果区以及南部低山果林牧区。

　　朝阳市的种植业生产，考虑整体的农业经济资源，农业生产条件以及人民生活需要三方面，主要以粮食生产为主，并合理调整粮食作物与经济作物之间的比例关系，以及粮食作物和经济作物内部结构的合理布局。并在此基础上，发展以粮食作物为主的种植业结构，向粮食作物、经济作物、其他作物有机结合的新型结构转变，由增加产量为主向优质高产转变、由粗放经营向集约化经营转变、由单纯追求生产效益向提高综合效益转变等。

　　粮食作物尚处在不稳定的情况下，盲目地提出过多压缩粮田生产的主张是不慎重的，应重点调整粮食作物结构，努力改进质量和品种，提高单位面积产量。目前朝阳市粮食作物主要以谷子、玉米和高粱为主。

　　经济作物以油料作物和棉花为主、其他为辅的比例关系发展，朝阳的油料和棉花具有一定优势与特色，可根据市场情况发展。

　　除此之外，大力发展畜牧业，由粗粮种植转变为饲料种植的方式，获得肉、蛋、奶等畜产品，在计划、生产、加工以及经营管理上都要把粮食作物与饲料区分开，改进粮食作物的品种结构，提高主栽品种高粱、玉米、谷子的品质，大力发展名、优、特、稀品种。

6.1.1 北部低山丘陵林牧油区

本区位于朝阳市北部，群山起伏，沟壑纵横，努鲁儿虎山脉呈北东—西南方向贯穿伸展，平均海拔504米，属于低山丘陵区。土地总面积为13 699 562亩，占全市总面积的39.9%，人口密度为每平方千米98人，农业人口占全市农业人口的28.1%，农业劳动力占全市农业劳动力的30.6%。

本区位于北部山地和老哈河平原两个气候区，属冷凉半干旱气候。年平均气温5.4~8℃，年日照时数2 950小时以上，年降水量400~450毫米，无霜期130~140天，比较适宜种植谷物和油料作物。但由于本区耕作技术水平低，经济基础比较薄弱，导致农民人均收入低于全市平均数。

本区土地资源较为丰富，每个农户占有土地约16.7亩、耕地约5.5亩、林地约4.8亩、草地约3.8亩，这些人均占有量指标大大高于朝阳市的平均数。其中优良树种、木材储备量和总养殖数均占朝阳市的40%，具备发展林牧业的潜在优势。

根据本区的自然、经济及其潜在的优势，综合考虑朝阳市农业发展的合理布局，统筹安排农业生产的发展，重点在于抓好林业、畜牧业、油料作物的生产，搞好畜牧业商品生产基地和油料商品生产基地的建设。

在改善生态环境方面，种树要重点抓好"三北"防护林的建设，并与种草紧密结合起来，以达到防风固沙的目的。积极利用现有水利设施，以旱作农业为核心，推广粮、草的种植面积作为提高地墒的效力，逐步改广种薄收为适度集约化经营的耕作模式。

6.1.2 中部丘陵沿河棉粮果区

本区位于朝阳市中部，以山地、阶地以及河流为主，境内有松岭山脉和延伸的黑山山脉，平均海拔322米，属于丘陵阶地平原地带。土地总面积13 046 288亩，占全市总面积的38%；人口密度每平方千米约为204人，是朝阳市人口密度最大的区域，其中农业人口占全市农业人口的47%，劳动力占全市农业劳动力的44.9%。境内的最高峰楼子山海拔1 091米，大凌河不但横贯全区，而且是小凌河、六股河的发源地。

本区处在大凌河流域和松岭山脉南麓二个气候区，属暖温半干旱半湿润气候，年平均气温 8～9℃，年日照时数 2 850 小时，年降水量 450～600 毫米，无霜期 150～165 天，光照条件好，雨量适中，比较适于种植中晚熟品种作物，特别是适宜棉花和果树等农作物的生长。

同时本区自然、生态、经济条件较好，耕作技术水平较高，有效灌溉面积占 43.6%，机播面积占 51.8%，化肥施用量占 47%，经济基础相对较强，农户人均收入是全市最高。

综上所述本区的农业发展应重点抓好棉花和果业的种植生产。粮食作物应种好两茬农作物，在品种上应选用中晚熟和晚熟型品种，积极发展两茬作物。同时为了更好地发挥本区优势，加快农业发展，应利用好水源条件，发展以灌溉农业和旱作农业相结合的方式，重点加强农业种植区的建设，尤其是棉花生产基地的建设、果业生产基地的建设以及蔬菜、奶、蛋、肉、禽副食品生产基地建设。

6.1.3 南部低山果林牧区

本区位于朝阳市西南部，山峰叠嶂，地势较高，地形复杂多样，努鲁儿虎山和黑山山脉呈平行切割本区。平均海拔 540 米，属于石质低山类型区。土地总面积 7 590 091 亩，占全市总面积的 22.1%；人口密度为每平方千米 170人，农业人口占全市的 24.8%。

本区地处大凌河流域气候区，属温和半湿润区，年平均气温 8.1℃，年日照时数约 2 850 小时，年降水量 550～650 毫米，无霜期 151～158 天，温度适宜，雨水较多，自然植被茂密，特别适宜果业生产的发展。

本区自然条件较好，土壤多为棕壤和褐土类，但是经济基础薄弱，农业生产水平较低，有效灌溉面积仅占朝阳市的 18%；机播面积占全市的 22.1%；化肥施用量占全市的 22.4%，农户人均收入水平为朝阳市最低。土地资源方面略优于中区，每个农户占有土地 10.5 亩、耕地 2.3 亩、林地 3.7 亩、草地 3.1 亩、园地0.4亩。除园地较多外，其余均低于北区平均水平。但是本区果品生产占有重要地位，水果总产量占全市的 50% 以上，具有得天独厚的果业生产优势。

统筹安排本区的农业生产发展，应重点抓好果业生产基地建设，并与其他农业生产相结合，积极搞好低产果园改造，同时与建设新果园相结合，搞好果品的加工与销售，品种主要以苹果、白梨、山楂为主。在此基础上积极发展经济林，充分发挥山杏和山枣的优势。

6.2 朝阳县农业

朝阳县属于辽宁省朝阳市，南北长 109.1 千米，东西宽 76.2 千米，总面积 4 215.8 平方千米。县境内山河壮丽，地形多样，有充足的矿产资源、水资源以及土地资源，属于温带大陆性季风气候。同时朝阳县也是农业大县，以农业为主促进经济发展，主要的粮食作物有玉米、高粱、谷子和小麦；油料作物有大豆、向日葵、芝麻、花生等；经济作物主要以棉花为主，是辽宁省棉花生产建设基地。

（1）玉米

种植的主要品种有白马牙、黄马牙、白八趟、黄八趟、金皇后、小黄棒、白鹤等。其共同特性是：色泽呈白、黄色，马齿型、硬粒型，其质量和适口性好，但产量较低。利用杂交作物的优势，推广种植杂交粮种对提高玉米产量和扩大种植面积都起到了积极作用，在产量上相比地方优良品种增产20％～30％。

（2）高粱

朝阳县地表呈丘陵地貌，耕地以山地和坡地为主，由于其独特的地理环境，特别适合种植高粱农作物。朝阳县种植的高粱所酿造的白酒中淀粉含量≥67％，有效地推动高粱作物生产，促进白酒制造业的发展，提高其经济效益。

2014 年辽宁省政府提出农产品出口"三年倍增"的口号，在发挥自身优势的基础上，依靠先进的技术设备，促进农产品出口贸易的发展，而高粱则是其重点出口的农产品之一。

（3）大豆

目前该区域主要品种以铁丰 18、铁丰 19、开育 8 等为主。

（4）棉花

朝阳县种植棉花历史悠久，自然条件适宜，是辽宁省棉花重点产区。20 世纪 60 年代曾被国务院授予"北方高寒山区植棉的一面红旗"等光荣称号。农民们长期在生产活动中积极探索棉花新品种资源，大力推广地膜覆盖栽培新技术，使用新农药和除草剂，不但提高了棉花收购价格，而且激发了农民植棉积极性，使得棉花生产取得显著成绩。

（5）小麦

朝阳县气候宜人，位于粮食的高产地区，非常适合种植小麦和玉米。

（6）花生

花生的种植需结合增施磷肥、清棵蹲苗的耕作方式，采用塑料薄膜覆盖技术措施，促使其产量得到较大幅度的提高。

（7）向日葵

向日葵油质好、味香、营养价值高，在经济作物中占的比重较大。但由于病害严重、土地损害率较高、耕作周期长、倒茬困难以及价格不合理等因素影响，占比出现了下降趋势。目前向日葵品种资源少，引进的时间短，有待于对品种资源进行广泛的搜集、精心的选育和择优的引进。

（8）小米

朝阳的杂粮特别是小米在国内享有盛名，朝阳县盛产小米，小米的米色金黄，味美馨香，享有"珍珠贡米"的美称。农业农村部第1395号：根据《农产品地理标志管理规定》，朝阳市农业产业化龙头企业协会等单位申请对"朝阳小米"等21个农产品实施农产品地理标志保护。因此朝阳小米的生产基地选定在地理环境优越、气候适宜、空气质量符合环保要求的乡镇，有效地调动了农民的积极性。

6.3　朝阳县林业与果业

2014年国家林业和草原局发布第160号文件《关于加快特色经济林产业发展的意见》，促进生态林业与民生林业的协调发展。基于一系列政策的出台，朝阳县根据其地理优势和独特的气候条件，大力倡导以种植大枣、山杏和大扁杏为主的经济林的种植结构，推动朝阳县的经济发展。

（1）苹果

苹果有早熟和晚熟两大类共计91种，其中早熟品种以小国光、金冠等为主，同时元帅，红星、鸡冠、倭锦等也备受关注；晚熟品种以迎秋，黄魁等为主，从种植面积和产量的角度衡量，目前的品种主要以小国光为主，约占苹果总数的65%。

小国光品种树势强健，适应性强、产量高，果实品质属于上等品，耐贮藏、耐运输，是最佳的苹果果种；金冠品种树冠半开张，适应性强较抗寒，连年丰产，果实品质较佳，是重点培育的苹果品种。

元帅系，果实色泽鲜艳，品质较佳，由于其对气候条件要求较高，不耐贮藏，需选择气候好的地区适当发展种植培育，并加强管理。鸡冠、倭锦等品种，果实品质一般，但其色泽好、产量高，可作授粉树配备发展。

迎秋、甜黄魁等品种的苹果，特点是丰产、早熟，适宜在城镇郊区适当种植培育。

（2）梨

主要的品种有白梨、安梨、花盖梨、苹果梨、鸭梨、红梨、京白梨、雪花梨、南国梨等51个品种。在生产中以白梨为主栽品种，占梨树种植面积的30％以上。白梨适应性强，抗寒力中等，树势中强，树冠较开张，丰产稳产，果实品质较佳，老树易更新，适于在山地种植培育。但白梨抗病虫害较差，自花授粉结实率低，不宜栽植在地下水位较高的地区。安梨和花盖梨则适应性较强，但果实品质远不及白梨；而苹果梨不易贮藏。由此可知朝阳县的梨品种繁多，其产量在辽宁省中仅次于锦州，位居第二，在全市位居水果之首。

（3）葡萄

朝阳县的葡萄有近30年的种植历史，品种主要以龙眼为主，朝阳县素有"葡萄之乡"之称。2013年葡萄的种植面积达8 000亩，品种繁多且口感极佳，营养丰富，远近闻名，被称为"辽宁省优质葡萄生产基地"。

（4）山杏

朝阳县的山杏多分布在天然林，采用集中连片的种植方式，天然与人工并存，尤其是以大青山一带为主要特色，与河北的张家口、承德和唐山并称为山杏四大生产基地。

（5）大枣

朝阳大枣色泽深红锃亮，酸甜适度，它以个儿大、核小、皮薄、肉脆而闻名省内外，占整个朝阳市总产量的70％以上，其大枣的种植面积约为10万亩，鲜枣年产量260万千克，是辽宁省大枣的重要生产基地，素有"北方玛瑙"之称。值得一提的是，2005年朝阳县的大枣在举办的中国（国际）枣产业发展论坛组委会上得到了专家的一致好评，由此被授予"名优红枣生产县"的荣誉称号。

（6）沙棘

沙棘是一种野生灌木，属小乔木类，耐干旱、耐瘠薄，营养丰富，是防风固沙的理想之物，果肉富有丰富的维生素A、B族维生素、维生素C、维生素K等，居果菜之冠。2015年朝阳县沙棘占地50多万亩，年产浆果约100万千克，是辽宁省的重点生产基地。

（7）其他野生果树资源

其他野生果树品种较多，但产量却较少。主要有核桃、板栗、榛子、文冠果等品种。这些野生果树资源，均具有很高的生产价值和使用价值，是宝贵的果树资源，应加以保护，合理利用其价值，适当扩大种植面积。

综上所述，种植业是朝阳县农业的主要组成部分，在农业中占有相当大的比重，农作物品种主要包括粮食作物、经济作物和蔬菜等。本书动态实证研究的种植业划分为杂粮业、林业和果业三大类进行探讨与分析。

6.4　朝阳县农地流转促进特色种植业发展的 SD 模型

6.4.1　模型定义

以朝阳县行政边界为空间研究对象；时间边界为 2005—2035 年，其中2005—2014 年为历史统计数据，2015—2035 年为模型预测年，时间步长为 1 年。

6.4.2　各子系统模型的因果关系分析

（1）杂粮类子系统的因果关系

从杂粮类子系统因果关系图（图 6-1）可分析得到正负反馈回路表，如表 6-1 所示：

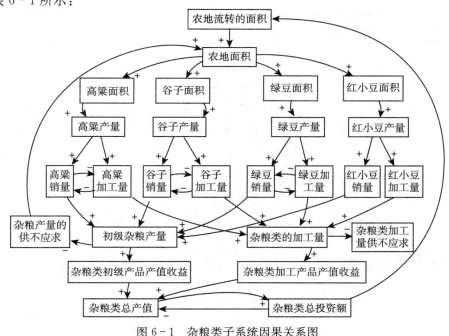

图 6-1　杂粮类子系统因果关系图

表 6-1　杂粮类子系统的反馈回路表

反馈情况	回路线路
正反馈	农地流转面积-农地面积-杂粮类种植面积-杂粮类产量（加工量）-杂粮类产值（加工产值）-杂粮类经济效益（杂粮类加工经济效益）-杂粮类总投资-农地流转-农地面积
负反馈	农地面积-杂粮类种植面积-杂粮类产量-杂粮类供不应求-农地面积

（2）果业类子系统的因果关系

果业类子系统的反馈回路表和因果关系图，如表6-2和图6-2所示：

表 6-2　果业类子系统的反馈回路表

反馈情况	回路线路
正反馈	①果园种植面积-各类鲜果种植面积（苹果、梨、葡萄、桃、杏）-鲜果产量（苹果、梨、葡萄、桃、杏）-鲜果产值（苹果、梨、葡萄、桃、杏）-鲜果经济收益-果业类总产值-果业投资建设-果园种植面积 ②果园种植面积-各类水果种植面积（苹果、梨、葡萄、桃、杏）-水果加工量（苹果、梨、葡萄、桃、杏）-水果加工产值（苹果、梨、葡萄、桃、杏）-水果经济收益-果业类总产值-果业投资建设-果园种植面积
负反馈	果园种植面积-各类鲜果种植面积-鲜果产量（水果加工量）-水果供不应求-果园种植面积

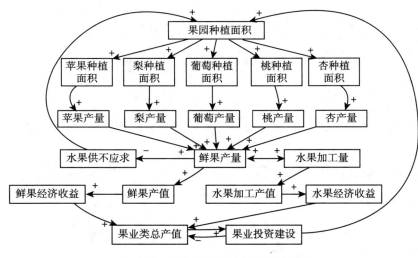

图 6-2　果业类子系统的因果关系图

（3）林业类子系统的因果关系

林业类子系统的反馈回路表和因果关系图，如表 6-3 和图 6-3 所示：

表 6-3 林业类子系统的反馈回路表

反馈情况	回路线路
正反馈	农地流转面积-林地面积-经济林果种植面积（大枣、山桃、山杏、核桃、沙棘、经济林）-初级林果产量（林果及经济林加工量）-林业初级产品产值收益（林业加工产品产值收益）-林业初级产品产值收益（林业加工产品产值收益）-林业总产值-林业投资-农地流转面积
负反馈	林地面积-经济林果种植面积-初级林果产量（林果及经济林加工量）-初级经济林果供不应求（林果与经济林供不应求）-农地流转面积

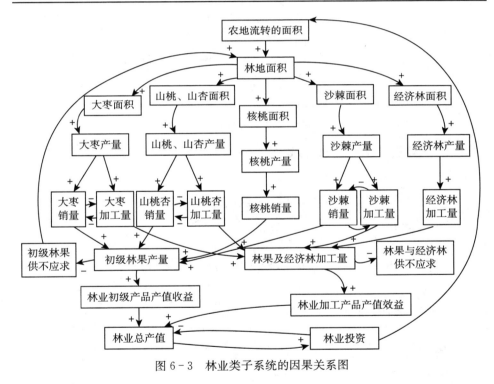

图 6-3 林业类子系统的因果关系图

6.4.3 各子系统模型的 SD 流程图

系统动力学主要研究目标对象长期性和周期性的问题，如自然界的生态平衡、社会的经济危机等呈现出周期性规律的问题，并需通过较长的历史过程得以解决。

结合系统动力学原理的相关变量，在已建立的各子系统因果关系图的基础上，构建 SD 流程图，具体的步骤：首先，假设农地流转促进特色种植业发展中的杂粮类、果业类、林业类各个子系统的相关变量值；其次，分析相关变量之间的相互依存关系；最终，合理科学的构建各子系统的 SD 流程图，为系统仿真设计奠定基础。详见图 6-4，图 6-5 以及图 6-6。

（1）杂粮类子系统的 SD 流程图

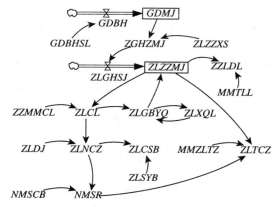

图 6-4　杂粮类子系统的 SD 流程图

（2）果业类子系统的 SD 流程图

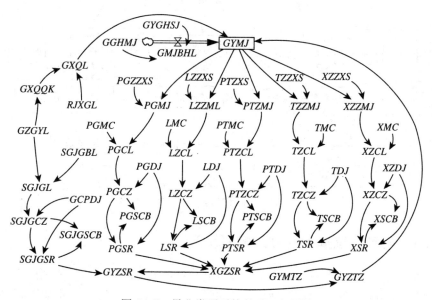

图 6-5　果业类子系统的 SD 流程图

（3）林业类子系统的 SD 流程图

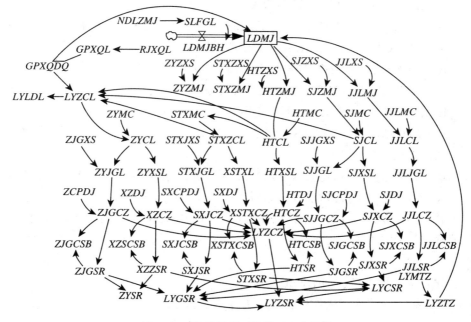

图 6-6　林业类子系统的 SD 流程图

6.4.4　农地流转促进特色种植业发展的模型方程

（1）确定仿真的时间

L　$TT.K=TT.J+DT\times(1)$

N　$TT.K=2005$

（2）朝阳县产值

L　$CYZCZ=ZLZCZ+LYZCZ+GYZCZ+YZZCZ$

R　$CYNCZ=ZLNCZ+LYNCZ+GYNCZ+YZNCZ$

（3）杂粮类年产值

A　$ZLDL.K=0.168(1+ZLZL.JK)$

N　$ZLZL.KL=0.01$

A　$QTNZWCZ.K=GDMJ.K\times(1-ZLMJB)$

A　$QTCMJL.K=0.46\times(1+QTZL.JK)$

A　$ZLMJB.K=0.9$

（4）林业类年产值及收入

L　$LYZCZ.K=ZYZCZ.K+STXZCZ.K+SJCZ.K+HTCZ.K+JJLCZ.K$

A　$LYZSR.K=ZYZSR.K+STXZSR.K+SJSR.K+HTSR.K+JJLSR.K$

R　$ZYSRB.K=ZYZSR.K/LYZSR.K$

R　$STXSRB.K=STXZSR.K/LYZSR.K$

R　$HTSRB.K=HTZSR.K/LYZSR.K$

R　$SJSRB.K=SJZSR.K/LYZSR.K$

R　$JJLSRB.K=JJLZSR.K/LYZSR.K$

（5）鲜果业类总产值

L　$GYZCZ.K=PGCZ.K+LCZ.K+PTCZ.K+TCZ.K+XCZ.K$

A　$GNSR.K=GYZCZ.K\times GYCSB.K$

T　$GYCSB.K=CLIP(GYCSB2.K,GYCSB1.K,TT.K，2005，2035)$

N　$GYSCB1.K=0.8$

N　$GYSCB2.K=0.7$

（6）水果加工量、加工产值及收入

L　$SGJGL.K=(PGCL.K+LCL.K+PTCL.K+TCL.K+XCL.K)\times$
　　　　　　$CLIP(GJGB1,GJGB2,TT.K,2005)$

N　$GJGB1.K=0.02$

N　$GJGB2.K=0.06$

A　$SGJGCZ.K=SGJGL.K\times SGJGDJ.K$

N　$SGJGDJ1.K=2.7$

N　$SGJGDJ2.K=3.2$

A　$SGJGSR.K=SGJGCZ.K\times SGJGSB$

T　$SGJGSB.K=CLIP(SGJGSB1.K，SGJGSB2，K，TT.K，2005)$

N　$SGJGDJ1.K=2.7$

N　$SGJGDJ2.K=3.2$

（7）耕地面积

L　$GDMJ.K=GKMJ.J+DT\times GDBH.JK$

A　$GDBH.KL=GDBHL.K\times GDMJ.K$

T　$GDBHL.K=TABHL(NDLZBHL，TT.K，2005，2035，5)$

（8）草场面积

L　$CCMJ.K=CCMJ.J+DT\times CMJBH.JK$

A　$CMJBH.KH=CCMJ.K\times CZJL.K+HDMJ.K\times NDLZCL.K$

C　$CZJL=10\%$

C　$NDLZCL=40.9\%$

（9）农村人口和农业劳动力

L　$NCRK.K=NCRK.J+DT\times NCRKBH.JK$

A　$NCRKBH.KL=NCRK.K\times NCRKZL.K$

A　$NYRK.K=NCRK.K\times NYRKB$

T　$NYRKB.K=CLIP(NYRKB2.K，NYRKB1.K，TT.K，2005)$

A　$NYZSR.K=ZCYZSR.K+JGYZSR.K$

A　$NYZTZ.K=NYZSR.K\times NYTBL$

R　$NCRJSR.K=NYZSR.K/NCRK.K$

6.5　系统仿真方案设计

根据区域经济学的研究理论，衡量本区域的产业结构水平，客观评价朝阳县的经济发展现状，本书根据特色种植业发展系统仿真方案的设计，以生态、经济以及社会协调发展为导向，运用系统仿真程序进行量化分析，从若干个方案中选出最适合朝阳县经济发展现状的方案。

在对上一节方程式中的相关变量进行科学合理预测的基础上，探讨所得数据对农地流转促进特色种植业发展系统的影响程度，编制合理的系统仿真设计方案。本书的研究宗旨是分析杂粮类、林业类以及果业类三个子系统的内在联系，同时制定其合理的经济政策，推动朝阳县的经济发展，提高农民的经济收入。

在朝阳县农地流转促进特色种植业发展的系统中，其主要参数包括系统的决策调控参数和系统客观属性参数，详见表 6-4：

表 6-4　系统的主要考量参数表

主要参数	考量指标
客观属性参数	农作物亩产、价格，林果产量、价格
决策调控参数	各种投资的比例、人口增长率、耕地面积

结合国家现行的农地流转政策，考虑朝阳县地理位置、经济发展水平以及"十三五"规划目标，确定其具体的参数指标，并在此基础上研究适合农地流转促进特色种植业发展的仿真设计方案。具体的设计方案详见表 6-5 所示：

表6-5 农地流转促进特色种植业发展的设计方案

方案	研究的内容
方案1：单一生态治理	增加农民的经济收入
方案2：综合生态治理	增加农民的经济收入

6.6 系统仿真结果比较

客观地评价系统仿真结果，就是在系统参数计算的基础上对系统结果的预测值与实际值进行对比分析，依此来判断系统的真实性。

根据2005年辽宁省朝阳市以及朝阳县统计年鉴资料，经过系统的整理分析，得出朝阳县2005年农林果业总产值16 638.7万元，其中林业类产值为7 392.6万元，果业类产值为6 078.4万元，杂粮类总产值为3 167.7万元。通过对系统的模拟仿真预测，预测的输出结果为：2005年农林果业总产值为16 822.1万元，其中林业类产值为7 992.6万元，果业类产值为5 676.4万元，杂粮类产值为3 153.1万元。

通过上述的分析可得，系统预测的输出结果与实际值基本相符。

（1）预测结果

方案1：考虑系统的单一因素，即对系统仅考虑生态投资的研究，其投资方式仅依靠于政府和农民自行融资。如图6-7和表6-6所示：

仿真结果趋势图如下：

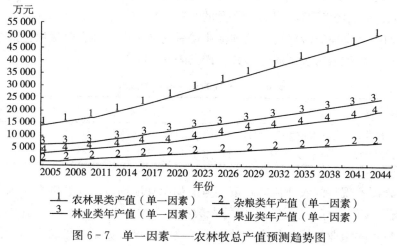

图6-7 单一因素——农林牧总产值预测趋势图

表6-6　单一因素的农业总产值的变化数据

单位：万元

年份	2005	2008	2011	2014	2017	2020	2023	2026	2029	2032	2035	2038	2041	2044
农林果年产值	15 451.0	16 996.1	18 695.7	20 565.3	22 621.8	24 883.9	27 372.4	30 109.6	33 120.6	36 432.7	40 076.0	44 083.6	48 491.9	53 341.1
杂粮类年产值	3 153.1	3 468.4	3 815.2	4 196.7	4 197.0	4 617.0	5 079.0	5 587.0	6 146.0	6 761.0	7 437.0	8 181.0	8 999.0	9 899.0
林业类年产值	7 992.6	8 791.9	9 671.1	10 638.2	11 702.0	12 872.2	14 159.4	15 575.3	17 132.8	18 846.1	20 730.7	22 803.8	25 084.2	27 592.6
果业类年产值	5 676.4	6 811.7	7 492.9	8 242.2	9 066.4	9 973.0	10 970.3	12 067.3	13 274.0	14 601.4	16 061.5	17 667.7	19 434.5	21 378.0

表 6-7 综合因素的农业总产值的变化数据

单位：万元

年份	2005	2008	2011	2014	2017	2020	2023	2026	2029	2032	2035	2038	2041	2044
农林果年产值	10 340.2	13 028.7	18 240.2	24 077.1	31 781.8	39 091.6	47 691.8	57 230.2	70 965.4	85 868.1	144 258.4	174 552.7	219 936.4	244 129.4
杂粮类年产值	3 564.7	4 455.9	6 060.0	8 544.6	10 680.8	13 137.4	17 866.9	23 763.0	30 179.0	37 120.20	48 256.3	68 523.9	91 822.00	124 877.9
林业类年产值	10 390.4	13 507.5	18 100.1	24 616.1	31 770.1	40 676.5	52 065.9	68 206.3	85 939.9	110 003.1	132 003.7	179 525	219 020.5	245 303
果业类年产值	7 095.5	9 578.9	13 410.5	18 104.2	21 725.0	28 677.0	36 133.0	45 166.3	58 716.2	72 808.1	99 019.1	130 705.2	173 837.9	199 913.6

方案2：考虑系统的综合因素，基于保护生态环境的基础上，充分考虑科学文化和经济建设的发展，引进先进的科学技术，增加对农业和农产品的投资，主要包括单位年产量、农产品的二次开发和加工制造业水平的提高等方面。其农业总产值的变化数据和仿真结果趋势图如表6-7和图6-8所示：

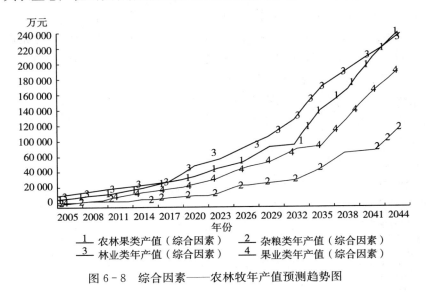

图6-8 综合因素——农林牧年产值预测趋势图

（2）单一因素与综合因素方案的比较

比较单一因素和综合因素条件下杂粮类年产值：从模型仿真结果（表6-6和表6-7）中分析，并科学合理的预测杂粮类预期的年产值结果，如下图所示：

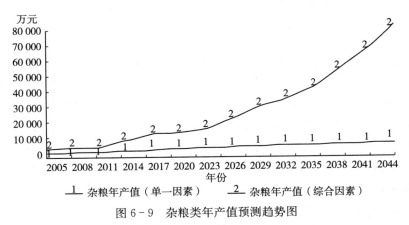

图6-9 杂粮类年产值预测趋势图

从图6-9可知，在考虑单一因素和综合因素的情况下，针对杂粮类年产值进行合理的预测，其中在2005—2011年，两种治理方案的预测值与实际值相差甚微；2011—2023年，两种治理方案的预测值与实际值的变化开始出现明显的差距；2023—2044年，综合治理方案的优势尤为明显。这三个时间段呈现出不同的发展趋势，其根本的原因在于生态环境的改善。

综上所述，在生态环境改善的基础上，通过提高农民的科学文化素质，引进先进的农业机械设施，改变以往的传统耕作方式，提高劳动生产率，不仅促进农业经济的发展，还增加农民的经济收入。

比较单一因素和综合因素条件下林业类年产值：从模型仿真结果（表6-6和表6-7）中分析，并科学合理的预测林业类年产值仿真结果趋势如下图所示：

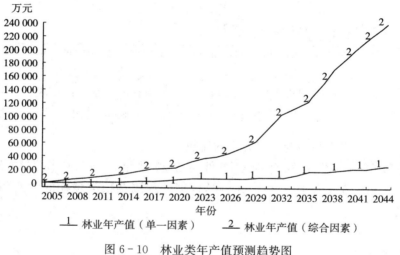

图6-10　林业类年产值预测趋势图

根据上述的结果可看出，采用综合因素方案，对于林业类的经济效益有明显的提高。从图6-10可得出，2005—2014年单一因素和综合因素的林业类年产值变化差距不明显，但是自2017年开始，在生态环境保护意识增强的条件下，采用综合因素治理方案的林业类年产值呈逐年上升的趋势。

比较单一因素和综合因素条件下果业类年产值：从模型仿真结果（表6-6和表6-7）中分析，并科学合理的预测果业类年产值仿真结果趋势如下图所示：

根据果业类年产值预测结果可知，采用综合因素方案，对于果业类的经济

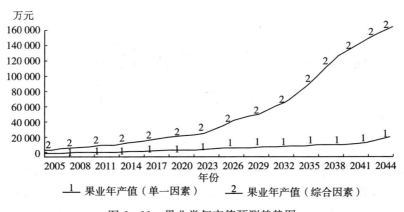

图 6-11 果业类年产值预测趋势图

效益带来了一定的成效，其年产值增幅趋势明显。果业类种植是促进经济增长的主要因素，通过提高果业类植被的覆盖率，起到生态环境保护的功能。从图 6-11 可得出，2005—2017 年单一因素和综合因素的果业类年产值相近，2017 年以后在综合因素的治理情况下，果业类的年产值呈上升趋势，并且远远超出预期水平。

6.7 模型仿真结果分析

发展农地流转促进特色种植业的发展的意义在于：在保护生态环境的过程中，有效地提高农地利用率，增加农民的经济收入，有助于农地流转促进特色种植业可持续性发展。本书的研究分别从生态角度（单一因素）以及生态和经济发展相结合（综合因素）的角度对其进行深入的探讨分析。根据上述的分析结果，可得出：①采用综合因素的方案，促进了朝阳县的经济发展，使得农民的经济收入大幅增加，这对于农地流转促进特色种植业发展具有重要意义。②在进行单一因素考虑的同时，积极加强对文化知识的宣传与教育，提高农民的文化水平和素质，充分利用投资资金，统筹安排生态、经济与社会三者的关系，促使生态环境和社会环境协调发展。③系统仿真模型的预测为制定科学合理的水土流失政策提供依据，同时也为朝阳县经济预期的规划建设提供相关的经济指标。

第7章 特色种植业发展的
动态合作博弈

朝阳县经济的协调发展需要充分利用现有的资源进行多元化的整合，不断地调整并优化朝阳县特色种植业结构，在增加农民经济收入的同时，推动了该区域种植业经济的发展，并呈逐年上升的趋势。由此可得：朝阳县种植业结构的优化，与经济增长的长期发展战略目标匹配，在合理布局种植业结构的科学化和合理化的同时，推动朝阳县经济的可持续性发展。

本章运用博弈理论，针对研究问题的特征，把基本的描述设定在假设、定义和定理的框架下，最根本的宗旨是研究具有理性的"经济人"追求自身利益的行为。本书研究的核心在于朝阳县种植业中三大类产业的优化问题，并将其转化为对合作博弈模型的核心问题进行求解，统筹兼顾经济、社会及生态环境，合理布局种植业结构，达到增加农户经济收入的目的。

7.1 朝阳县种植业的动态合作关系

在农业社会中，充足的杂粮类农作物是人类维持生存的先决条件，但在居民生活水平的提高以及生态环境保护的前提下，对林业和果业类的产品需求量日益剧增，由此可见，需求结构的变化也影响种植业结构的调整，同时要求在保护生态环境的条件下促进种植业三大类产业之间的协调合作，实现经济的增长和可持续性发展。

在经济活动中，朝阳县种植业三大类产业以直接或间接的方式与生态环境紧密联系，如果以牺牲生态环境为代价追求经济，则难以实现经济发展的长期发展战略目标。因此须在保护生态环境的前提条件下，针对种植业三大类产业结构进行动态调整，实现经济与环境之间的协调发展。

7.2 动态合作博弈的特征

7.2.1 基本概念

合作博弈理论是博弈理论的主要内容之一，主要研究博弈者相互合作所带来的效益问题。该理论主要两部分内容，如表 7－1 所示。

表 7－1 合作博弈的构成要素

合作博弈	内容
内容 1	所有博弈者的集合
内容 2	将不同博弈者的组合对应其可得集体效用的函数

资料来源：作者根据资料整理编制。

7.2.2 基本特征

（1）行为主体选择的不确定性

影响行为主体作出正确选择的因素，除了主观因素外，还有客观因素，如：宏观政策的制定、社会经济的发展、环境因素等。

（2）行为主体是理性的"经济人"

对于不同的事物进行客观的评价与决策，需要经过不断的学习、探讨和调整，分析各种不利因素，从中选出最优的策略，所以要求行为主体是理性的"经济人"。

（3）博弈是一个实现"双赢"或"多赢"的过程

行为主体之间的协同竞争博弈要求各方以实现"双赢"或"多赢"为目的，这是一个重复的过程。

7.3 构建动态合作博弈分析的模型

7.3.1 假设条件

基于上一章的研究内容，将朝阳县的特色种植业产品依次进行分类：高粱、谷子、绿豆、红小豆划分为杂粮类的产品；大枣、山桃、山杏、核桃以及沙棘划分为林业类的产品；苹果、梨、葡萄、桃以及杏划分为果业类的产品，假设这三大类产业为动态博弈的局中人，展开动态合作关系的研究。

研究假定种植业三大类产业之间在相互合作时，可视为其产出方有效，得出集体效用函数不等于零，符合可加性原理的概念；否则其集体效用函数为零。为了使朝阳县特色种植业的三大类产业的问题简单化，基于经济的可持续发展，假设所研究的效用函数分别针对其各自的增加值比重、劳动生产率以及环境保护程度等三个主要因素进行分析。

7.3.2 构建模型

在充分考虑经济持续发展的基础上，在效用函数中考虑生态环境等因素的影响，构建种植业中三大类产业的产业贡献率合作博弈模型。

（1）局中人 N

假定朝阳县特色种植业的总数为 n，由此形成了合作博弈者的集合，用 $N=\{1, 2, \cdots, n\}$ 表示，$i \in N$ 表示产业 i。便于计算方便，将种植业按杂粮类、果业类和林业类三大类进行划分，记为：

$$N = \{1, 2, 3\}$$

其中：1 代表杂粮类种植业，2 代表果业类种植业，3 代表林业类种植业。

（2）博弈策略集 S_i

种植业与种植业之间的合作联盟（用 C 表示），其中任意两个种植业的合作联盟（例：杂粮类种植业与林业类种植业合作）就构成博弈策略。

（3）效用函数 P

在研究中，归纳得到影响效用函数的主要因素有种植业中三大类产业的增加值比重、劳动生产率以及生态环境的污染程度。

①产业增加值比重 β。假设将种植业划分为 n 个产业（$n=3$），用 G_i 表示第 i 产业的增加值，则 $\sum_{i=1}^{n} = G_i = GDP$，其中 GDP 代表农林牧渔业的产值。产业的增加值比重 β 的计算公式如（7-1）所示：

$$\beta_i = \frac{G_i}{GDP} \tag{7-1}$$

②劳动生产率 λ。G_i 表示第 i 产业的增加值，R_i 表示该产业的从业人数，则第 i 产业的劳动生产率的计算公式如（7-2）所示：

$$\lambda_i = \frac{G_i}{R_i} \tag{7-2}$$

③环境污染程度 θ。θ 代表第 i 产业对环境的污染程度，其计算意义为治

理污染物所花费的成本占该产业的产值比重，即：

$$\theta_i = \frac{\tau_i W_i}{G_i} \tag{7-3}$$

其中：W_i 代表第 i 产业的污染物排放量；τ_i 代表第 i 产业所造成的单位治理成本，则环境总体污染程度表示为：

$$\overline{\theta} = \frac{\sum\limits_{i=1}^{n} \tau_i W_i}{\sum\limits_{i=1}^{n} G_i} \tag{7-4}$$

在上述①②③计算的基础上，效用函数为：

$$P_i = \frac{\beta_i \times \lambda_i}{\theta_i} \tag{7-5}$$

（4）种植业中产业联盟博弈的效用函数

假设 $N=\{1, 2, \cdots, n\}$，$P(C)$ 是种植业中所有产业合作联盟的实值函数，必须满足 $C=\Phi$ 及以下条件，如表 7-2 所示：

表 7-2 产业联盟博弈的效用函数

公式	含义
$P(C) = 0$	没有产业加入联盟中
$P(N) \geqslant \sum\limits_{i=1}^{n} P(\{i\})$	各产业联盟后总收益大于或等于各产业单干时的收益之和

资料来源：根据资料整理编制。

假设 E、F 且 $E \bigcap F = \Phi$，则产业联盟 E 的最大效用为 $P(E)$，则产业联盟 F 的最大效用为 $P(F)$。如果 $E \bigcup F$，则产业联盟合作的可能性如表 7-3 所示：

表 7-3 产业联盟合作的可能性分析

合作方式	表达式
合作	$P(M) = P(E \bigcup F) > P(E) + P(F)$
不合作	$P(E) + P(F)$

资料来源：根据资料整理编制。
注：$M = E \bigcup F$。

定义7.1 假设 $x_i (i=1,2,\cdots,n)$ 表示合作联盟 N 从产业 i 中得到合作的最大收益，则合作博弈的分配可用 $x_i = \{x_1, x_2, \cdots, x_n\}$ 表示。为了促使产业联盟合作成功，需具备以下条件，如表 7-4 所示：

表 7 - 4　产业联盟合作成功的条件

表达式	含义
$\sum_{i=1}^{n} X_i = P(N)$	联盟中总的分配不能超出总的收益
$x_i \geqslant P(\{i\})$	产业 i 从联盟中所获得的收益大于单干时所获得收益

资料来源：根据资料整理编制。

假设存在两个联盟 E 和 F，如果 $E \in N$ 和 $F \in N$，且同时满足公式（7 - 6），

$$P(E) + P(F) \leqslant P(E \bigcup F) + P(E \bigcap F) \qquad (7 - 6)$$

则称该博弈为凸博弈。

（5）合作博弈模型

优化产业结构模型主要体现在 t 时期（$t=1$，2，…，T）n 个产业之间的动态合作博弈模型，该模型的标准形式定义如下：

$$B = \{t, N, (S_i)_{i \in N}, P_t(C)\} \qquad (7 - 7)$$

其中：N 为 t 时期所有产业的集合；S_i 为第 i 产业在 t 时期可行的所有纯策略的有限集；C 为 N 的任意子集；$P_t(C)$ 为产业联盟 C 在 t 时期的总效用。

（6）目标函数

目标函数最终以获得最大效用为目的，其具体的定义如下：

$$f(P_t) = \max \sum_{t=1}^{T} P_t \qquad (7 - 8)$$

其中：$t=1$，2，…，T。

7.3.3　Shapley 值法

在种植业的产业联盟中，局中人获取的效用将取决于其对产业联盟的贡献度。Shapley 值法的计算是根据种植业中各个产业对种植业的整体经济效益的贡献程度的比例进行分配，体现出贡献与收获的平等关系，说明该方法具备一定的合理性和公正性，由此可见，Shapley 值法反映了动态合作博弈模型中不同产业对经济发展贡献度的大小。

Shapley 值法的求解过程需满足下列条件：

（1）有效性

若对于所有包含 i 的子联盟 $E \in N$ 都有 $P(E \setminus \{i\}) = P(E)$，则 $P_i(E) = 0$；同时联盟中所有局中人的收益之和满足：

$$\sum_{i=1}^{n} P_i = P(N)$$

其中：$P(N)$ 为联盟总收益。

（2）对称性

若对局中人 i，$j \in N$，对于任意的子联盟 $E \in N \setminus \{i, j\}$，总有 $P(E \bigcup \{i\}) = P(E \bigcup \{j\})$，则 $P_i = P_j$。则说明在合作博弈中各局中人是平等的关系。

（3）可加性

若 E，$F \in N$，则 $P_i(E+F) = P_i(E) + P_i(F)$

在满足上述条件的前提下，Shapley 值法的求解公式如（7-9）所示：

$$\xi_i(P) = \sum_{i \in A, A \in N} \frac{(|E|-1)!(|N|-|E|)!}{|N|!} [P(E) - P(E \setminus \{i\})]$$

$$(7-9)$$

其中：$|E|$ 为联盟 E 中局中人的个数；$|N|$ 为大联盟中的所有局中人个数；$P(E)$ 为联盟 E 的总收益；$P(E \setminus \{i\})$ 为局中人 i 离开联盟 E 后联盟的收益值；$P(E) - P(E \setminus \{i\})$ 为联盟 E 中有 i 参加的收益与没有 i 参加的收益差值，即局中人 i 对联盟的贡献。

如果合作博弈的稳定核非空，人们在进行合作利益分配时，参与者的每一方都应该更多地去考虑对方，合作才有可能得以实现长久稳定的发展。

Shapley 值法的求解正是在考量各个产业对种植业的贡献程度的基础上，遵循公平公正分配的原则，促使各个产业的合作联盟长期稳定的合作发展。

7.4　应用实证

利用上一节内容所构建的朝阳县种植业中的三大类产业结构合作博弈模型进行分析，以现有 2014 年的统计资料为基础，整理如下：

2014 年农林果业的总产值为 445 182 万元，按可比价格计算，比上年增长 2.85%。其中：杂粮类增加值 12 824 万元，增长 4.67%；果业类增加值 12 283 万元，增长 12.43%，林业类增加值 183 万元，增长 0.31%。2014 年从事三大类产业的人口 199 900 人，占总人口的 35.45%，其中：杂粮类从业人口 97 818 人；果业类从业人口 45 044 人；林业类从业人口 57 038 人。

2014 年朝阳县针对种植业中治理污染物的总成本为 546 万元，其中治理杂粮业类污染物成本为 163.8 万元；治理果业类污染物成本为 180.2 万元；治理林业类污染物成本为 202 万元。

（1）计算种植业中三大类产业增加值的比重

农林果 GDP 增加值：$\bar{\beta} = 7.3\%$

杂粮类的增加值：$\beta_1 = 4.67\%$

果业类的增加值：$\beta_2 = 12.43\%$

林业类的增加值：$\beta_3 = 0.31\%$

（2）计算劳动生产率

$$① \bar{\lambda} = \frac{\sum_{i=1}^{n} G_i}{\sum_{i=1}^{n} R_i} = \frac{863\ 708 \times 10^4}{1\ 999 \times 10^2} = 4.32 \times 10^4$$

$$② \bar{\lambda}_1 = \frac{\sum_{i=1}^{n} G_i}{\sum_{i=1}^{n} R_i} = \frac{287\ 339 \times 10^4}{97\ 818} = 2.94 \times 10^4$$

$$③ \bar{\lambda}_2 = \frac{\sum_{i=1}^{n} G_i}{\sum_{i=1}^{n} R_i} = \frac{111\ 099 \times 10^4}{57\ 038} = 1.95 \times 10^4$$

$$④ \bar{\lambda}_3 = \frac{\sum_{i=1}^{n} G_i}{\sum_{i=1}^{n} R_i} = \frac{59\ 683 \times 10^4}{45\ 044} = 1.32 \times 10^4$$

（3）生态环境污染程度

$$① \bar{\theta} = \frac{\sum_{i=1}^{n} \tau_i \omega_i}{\sum_{i=1}^{n} G_i} = \frac{546}{445\ 182} = 12.26 \times 10^4$$

$$② \bar{\theta}_1 = \frac{\sum_{i=1}^{n} \tau_i \omega_i}{\sum_{i=1}^{n} G_i} = \frac{163.8}{445\ 182} = 3.68 \times 10^4$$

$$③ \bar{\theta}_2 = \frac{\sum_{i=1}^{n} \tau_i \omega_i}{\sum_{i=1}^{n} G_i} = \frac{180.2}{445\ 182} = 4.05 \times 10^4$$

$$④ \bar{\theta}_3 = \frac{\sum_{i=1}^{n} \tau_i \omega_i}{\sum_{i=1}^{n} G_i} = \frac{202}{445\ 182} = 4.54 \times 10^4$$

（4）计算三大类产业合作博弈的效用函数

①杂粮类与果业类合作博弈的效用函数：

$$P(\{1,2\}) = \frac{\beta_1 \times \lambda_1}{\theta_1} + \frac{\beta_2 \times \lambda_2}{\theta_2}$$

$$= \frac{4.67 \times 10^{-2} \times 2.94 \times 10^4}{3.86 \times 10^{-4}} + \frac{12.43 \times 10^{-2} \times 1.95 \times 10^4}{4.05 \times 10^{-4}}$$

$$= 9.72 \times 10^6$$

②杂粮类与林业类合作博弈的效用函数：

$$P(\{1,3\}) = \frac{\beta_1 \times \lambda_1}{\theta_1} + \frac{\beta_3 \times \lambda_3}{\theta_3}$$

$$= \frac{4.67 \times 10^{-2} \times 2.94 \times 10^4}{3.86 \times 10^{-4}} + \frac{0.31 \times 10^{-2} \times 1.32 \times 10^4}{4.54 \times 10^{-4}}$$

$$= 3.82 \times 10^6$$

③果业类与林业类合作博弈的效用函数：

$$P(\{2,3\}) = \frac{\beta_2 \times \lambda_2}{\theta_2} + \frac{\beta_3 \times \lambda_3}{\theta_3}$$

$$= \frac{12.43 \times 10^{-2} \times 2.94 \times 10^4}{3.86 \times 10^{-4}} + \frac{0.31 \times 10^{-2} \times 1.32 \times 10^4}{4.54 \times 10^{-4}}$$

$$= 6.07 \times 10^6$$

由此可得，不同种植业结构中三大产业合作联盟效用函数计算如下：

$$P(\{1,2,3\}) = \frac{\beta_1 \times \lambda_1}{\theta_1} + \frac{\beta_2 \times \lambda_2}{\theta_2} + \frac{\beta_3 \times \lambda_3}{\theta_3}$$

$$= \frac{4.67 \times 10^{-2} \times 2.94 \times 10^4}{3.86 \times 10^{-4}} + \frac{12.43 \times 10^{-2} \times 2.94 \times 10^4}{3.86 \times 10^{-4}}$$

$$+ \frac{0.31 \times 10^{-2} \times 1.32 \times 10^4}{4.54 \times 10^{-4}}$$

$$= 9.81 \times 10^6$$

（5）朝阳县种植业三大类产业集合表示 $N = \{1, 2, 3\}$，它的所有非空子集为：

$$\{1\}, \{2\}, \{3\}, \{1, 2\}, \{1, 3\}, \{2, 3\}, \{1, 2, 3\}$$

种植业中不同的产业联盟效用函数值为：

$$P(\{1\}) = P(\{2\}) = P(\{3\}) = 0;$$

$$P(\{1,2\}) = 9.72 \times 10^6;$$

$$P(\{1,3\}) = 3.82 \times 10^6;$$

$$P(\{2,3\}) = 6.07 \times 10^6;$$

$$P(\{1,2,3\}) = 9.81 \times 10^6$$

根据本书研究可判断出该收益分配问题是一个凸博弈问题，同时满足 Shapley 值法的定理。因此运用公式（7-9）进行下一步的计算：

$$x_1 = \frac{0!\,2!}{3!}[P(\{1\}) - P(\{\varPhi\})] + \frac{1!\,1!}{3!}[P(\{1,2\}) - P(\{2\})]$$

$$+ \frac{1!\,1!}{3!}[P(\{1,3\}) - P(\{3\})] + \frac{2!\,0!}{3!}[P(\{1,2,3\}) - P(\{2,3\})] = 3.84$$

$$x_2 = \frac{0!\,2!}{3!}[P(\{2\}) - P(\{\varPhi\})] + \frac{1!\,1!}{3!}[P(\{1,2\}) - P(\{2\})]$$

$$+ \frac{1!\,1!}{3!}[P(\{2,3\}) - P(\{3\})] + \frac{2!\,0!}{3!}[P(\{1,2,3\}) - P(\{1,3\})] = 4.96$$

$$x_3 = \frac{0!\,2!}{3!}[P(\{3\}) - P(\{\varPhi\})] + \frac{1!\,1!}{3!}[P(\{1,3\}) - P(\{3\})]$$

$$+ \frac{1!\,1!}{3!}[P(\{2,3\}) - P(\{3\})] + \frac{2!\,0!}{3!}[P(\{1,2,3\}) - P(\{1,2\})] = 2.01$$

根据上述的计算结果，计算不同产业对总产值的贡献率 ζ：

$$\zeta_1 = \frac{3.84}{9.81} \approx 39.1\%;\; \zeta_2 = \frac{4.96}{9.81} \approx 50.6\%;\; \zeta_3 = \frac{2.01}{9.81} \approx 20.5\%$$

由计算结果可知：朝阳县种植业中果业类对经济发展的贡献率最大，其次是杂粮类的产业，而林业类产业的贡献率是最小的，这与朝阳县的种植业整体经济发展是相符的。由此可见，该县的种植结构是合理的。

7.5 农地流转促进特色种植业发展的有效措施

统筹兼顾整体的农业经济资源和生产条件，重点发展朝阳县的种植业，主要以粮食生产为主，并合理调整好粮食作物与经济作物之间的比例关系，以及合理布局粮食作物内部结构和经济作物内部结构，将种植业结构由粮食作物为主逐步向粮食作物、经济作物、其他作物三元有机结合的新型结构转变；由以增加产量为主向优质高产转变、由粗放经营向集约化经营转变、由单纯追求生产效益向提高综合效益转变等多种形式。

针对朝阳县社会经济发展的要求，选择适合特色种植业的投入产出结构，采用集体土地流转市场化运行的最优模式，达到生产要素结构合理性的目的。

（1）搞好农田基本建设，加快重点田建设和低产田改造进度

朝阳县耕地的土层薄、缺磷少氮有机质含量低、水土流失严重、灌溉条件有限，导致整体产量低且不稳定，因此必须采取有效的战略性措施进行改善。①改善生态环境。朝阳县农业生产的主要问题是降水少，植被率低，水土流失面积严重。因此首先要搞好植被建设，重点以造林种草为主，大力发展水土保

持林和农田防护林，并对陡坡耕地实现退耕还林还草。在工程措施上，要在坡地沟壑修谷坊、塘坝等，山坡耕地上推广环山大垄、挖丰产钩等措施，最大限度地保持天然降水，减少水土流失。②改善生产条件，搞好重点田建设和低产田改造。严重的干旱成为影响朝阳县农业发展的主要因素，因此完善现有水利工程设施，搞好渠系配套，新建蓄水工程，扩大水浇地面积，实现 300 万亩重点田建设的目标。与此同时，继续搞好坡耕地的平整，以改土为内容进行深翻，改善土壤理化性质，培肥地力，是低产田改造的主要任务。

（2）发挥农作物资源潜力，发展有机旱作

朝阳县气候干旱，耕层薄，肥力低，实行有机旱作，积极推行各种抗旱保墒措施，选用适合朝阳县特点的抗旱耐瘠作物，是确保提高产量的有力措施。同时进一步挖掘农作物品种的资源，提高育种科学水平，选育出具备高产、优质、多抗等多种优点的新品种。同时要搞好秋季深翻，做好冬春抗旱保墒的技术措施。

（3）建立农村社会化服务体系，努力提高技术服务质量

推动农村两项改革的具体工作，切忌"一刀切"，综合考虑产业发展等因素，提高农业生产力，为适应农村经济形势的发展，要求必须健全各种服务体系：①农业技术推广体系。要建立健全县级农业技术推广中心以及乡级农业技术推广站，村设专职农民技术员，村民组抓好科技示范户，实现市、县、乡、村上下相通、左右相连的技术推广体系。②良种繁育推广体系。组织协调市、县种子公司的同时，积极建设乡级种子站、县级良种示范农场和繁殖农场，使良种繁育推广体系不断巩固和发展。③植物保护和植物检疫体系。要加强市、县级植保站的建设，同时要配具备一定专业基础的植保员，及时做好农作物病虫害的预测工作。要以预防为主，结合合理的生物防治、物理防治和化学防治，尽早改变单纯依靠化学药剂防治的办法。

（4）建立健全土地管理法规，切实保护好耕地资源

朝阳县耕地人均数量少，后备耕地资源也不足。再加上长期对耕地缺乏管理的原因，导致滥占耕地的现象频频发生。

因此为了保护好现有的耕地资源，首先要加强土地法制观念教育，提高广大干部、农民珍惜和合理利用每寸土地的意识。其次要对土地的管理制度进行改革与完善，运用法律、行政、经济的各种手段实行科学管理，杜绝滥占耕地的现象。最后对实行承包土地的投资补偿制度进行修改完善，以鼓励农民增加投入，培肥地力，有效的保护好耕地。

（5）抓好关键性的技术推广

积极推广地膜覆盖高产栽培技术。自从引进覆膜技术以来，先后在多种农作物生产上应用，均取得了不同程度的增产效果，可适度增加覆盖面积和品种类别，以提高土地生产率。

积极推广优良品种的种植。在粮食作物中，高粱、玉米要以杂交品种为主，保证产量的提高，大力鼓励谷子向优质米方向发展。

积极推广综合防治病虫害技术。在积极引进新农药防病治虫的同时，推广物理防治和生物防治等综合技术措施，保证农作物正常生长。

积极推广合理的轮作倒茬制度，这是用地、养地的有效措施之一。朝阳县习惯于迎茬轮作，这种行为不能平衡利用土壤中的养分。推广耗地的禾本科作物，如高粱、玉米等与养地的豆科绿肥作物相结合，合理地按比例进行轮作的耕作方式，有利于改善土壤的理化特性，减少杂草和病害，提高土壤肥力。

积极推广两茬作物生产，提高复种指数。辽西地区中、南部的农作物资源存在种一茬有余而两茬不足的现象，目前主要以前茬豆、二茬白菜的复种方式居多。随着地膜覆盖新技术的应用和推广，为两茬生产提供了更大的利用空间，这是提高农作物产量和产值的重要途径。

7.6　本章小结

本章主要针对朝阳县种植业中三大类产业与其经济的可持续发展的关系进行探讨，同时对农地流转的实施提出了相应的建议。

（1）运用博弈论的分析工具，假设不同的产业映射为博弈模型的局中人，分别计算各个产业的增加值比重、劳动生产率以及生态环境污染程度，并将其作为效用函数，建立种植业中三大类产业的贡献率动态合作博弈模型，对种植业结构的优化问题进行求解。

（2）运用 Shapley 值法的理论，对朝阳县的种植业中三大类产业的动态合作博弈模型进行实证研究，计算得出果业类的产业贡献率最大，而这一结果与朝阳县种植业结构的整体发展相符，并针对特色种植业的发展研究提出有效措施为促进朝阳县经济发展提供理论依据。

第8章 结论与展望

8.1 研究的结论

本书以农地流转促进特色种植业发展为主要的研究对象，运用可拓理论、目标规划以及系统动力学等方法构建系统优化决策模型，同时确定最优的种植业结构。通过理论与实证相结合的研究，可得出以下结论：

（1）搜集国内外相关文献资料，经过归类整理，对特色种植业的发展模式进行了初步确定：即根据所研究区域的地理位置以及区域资源环境条件，以发展特色种植业为主题背景，促进区域的特色种植业发展，形成农村经济特色产业集群，改变农村落后的面貌，缩小城乡之间的差距以推动农村经济的发展，增加农民的经济收入。鉴于不同的区域发展模式各有不同，都有属于自己的资源条件以及区域的特色优势，发展特色种植业就成了各地在促进城乡统筹发展中的必经之路。

（2）运用可拓理论方法，针对朝阳市现行的发展状况及 2005—2014 年的统计年鉴数据，对农地流转促进特色种植业进行整体规划描述，研究各种影响因素基元的可拓性，确定农地流转促进特色种植业持续发展中的不相容问题，建立农地流转促进特色种植业发展的可拓决策模型，同时以朝阳市朝阳县为例运用目标规划原理确定特色种植业结构优化的模型，对特色种植业结构进行优化调整分析，确定出玉米、马铃薯、苹果以及高粱四大类特色种植业产品。

（3）基于系统动力学理论的整体性与逻辑性，系统性地分析了所研究区域农地流转所涉及的各种因素，以及相互间互相制约、互相促进的原理。①在宏观上，结合国家的经济体制与形式政策以及相应的法律法规制度，分别对人口、经济与农地流转之间的动态关系展开分析。②在微观上，分析区域内特定的人口数量、地形地貌特征、特色种植业发展及经济状况对农地流转的影响，并运用 Vensim v6.0 软件建立农地流转促进特色种植业发展的动态因果反馈关系图，并对本区域的农地流转促进特色种植业发展进行合理地预测。

（4）根据 2014 年朝阳县年鉴统计（农业）数据，运用博弈论，将杂粮类、果业类以及林业类产业分别映射为博弈模型的局中人，计算其各自的产值增加比重、劳动生产率以及生态环境污染程度，确定所需的复合函数为效用函数，建立种植业中三大类产业贡献率的动态合作博弈模型，得出果业类对种植业的贡献最大，并对发展特色种植业的研究提出了具体的实施建议。

8.2 创新点

根据国内外文献资料研究成果的分析，本书的研究主要有以下方面的创新：

（1）根据 2005—2014 年朝阳市统计年鉴数据，提出了农地流转促进特色种植业发展中的不相容问题，结合生态效益视角，围绕经济效益进行基元分析，建立农地流转促进特色种植业发展的可拓决策模型，得出朝阳市最具特色的种植业产品，以达到实现经济效益最大化的目的。

（2）利用 2014 年朝阳县农作物产量的统计数据，运用目标规划原理，界定其约束条件，建立目标规划的决策模型，以特色种植业产品耕作面积的期望值最大化为研究目标，得出最优化的特色种植业产品的种植结构。

（3）根据朝阳县统计年鉴（农业）数据，运用系统动力学的理论，建立农地流转促进特色种植业发展的系统仿真模型，从生态环境单一角度及生态与经济相结合的综合性角度进行预测，提出改善生态环境和提高经济效益是互促的有效策略，解决了生态、经济与社会的和谐发展问题。

（4）根据 2014 年朝阳县年鉴统计（农业）数据，运用 Shapley 值法计算理论，建立种植业中三大类产业贡献率动态合作博弈模型，得出种植业中果业类对经济发展的贡献最大，这与朝阳县种植业的整体经济发展是相符的，实现朝阳县种植业结构不断优化和可持续发展的目的。

8.3 研究不足与展望

农地流转促进特色种植业发展是一个大范围的研究领域，是一个受多种因素影响的复杂系统。在研究与分析中，对农地流转促进特色种植业未来发展趋势仍可以继续深入研究。

（1）本书的研究虽然是以农地流转的角度出发并作为研究目标，但具体的分析过程中并未完全从宏观的角度去探讨，在构建的相关模型中未考虑宏观政策变量，虽然最后提出了相关的有效措施，但对宏观政策的研究与应用仍需不断地学习，在未来的研究课题中将在此基础上考虑政策的影响。

（2）本书研究农地流转促进特色种植业结构的优化问题，将所研究的区域作为一个整体，构建静态的目标规划模型并计算期望值大小。但由于特色种植业发展中遇到的变动因素较多，在今后的研究中应该考虑多因素的影响，构建多目标动态规划模型，得出农地流转促进特色种植业结构的动态优化，解决受多因素影响下的动态关系。

（3）本书仅针对辽西地区进行实证研究，并进行系统仿真的分析过程，在一定程度上影响了相关研究结论的有效性和适用性。同时特色种植业的发展是一个时变的系统，而在本书的研究中多数的参数都为常数变量，很多的参数受到系统状态变量的影响比较大，对这些动态变量进行动态的设计和求解，是需要在未来期进行深入研究的内容。

（4）在博弈论的分析中，本书主要研究种植业中杂粮类、果业类以及林业类三者，并设置其为局中人，但是在实际的应用考察中还应考虑到政府、转入方与转出方这三方局中人的利益关系。同时在今后的研究中应通过增设金融机构、加强农产品流通渠道及协调加工主体之间的关系等内容，建立动态的多方博弈模型进行深入的定量分析。

参 考 文 献

蔡林，2008. 系统动力学在可持续性发展研究中的应用 [M]. 北京：中国环境科学出版社.

曹建华，王红英，黄小梅，2007. 农村土地流转的供求意愿及其流转效率的评价研究 [J]. 中国土地科学，21 (5)：54-60.

曹丽，2013. 朝阳县农业发展现状及产业结构调整 [J]. 新农业 (6)：56-57.

朝阳县—搜一族 [EB]，2015. http://www.souezu.com，4-16.

陈海滨，唐海萍，2013. 基于系统动力学的雏菊世界模型气候控制敏感性分析 [J]. 生态学报，33 (10)：3177-3184.

陈良，张云，2004. 农村土地利用中的问题及对策 [J]. 农村经济 (1)：30-33.

陈树旺，1999. 低山丘陵区土地资源质量的影响因素分析——以朝阳地区为例 [J]. 辽宁地质 (9)：222-226.

陈水生，2011. 土地流转的政策绩效和影响因素分析 [J]. 社会科学 (5)：48-56.

陈同斌，2009. 土壤资源保护是地理学的一项重要任务——黄秉维学术思想研究 [J]，地理研究，18 (1)：17-23.

陈伟平，2006. 高度重视加快民族地区经济发展 [J]. 科技与经济 (10)：93-95.

戴建华，薛恒新，2004. 基于 Shapley 值法的动态联盟合作伙伴利益分配策略 [J]. 中国管理科学，12 (4)：33-36.

丁伟，2009. 充分发挥农业政策性金融作用积极推进农业农村经济平稳较快发展 [J]. 中国农业银行武汉培训学院学报，54-59.

董婷婷，张增祥，左利君，2008. 基于 GIS 和 RS 的辽西地区土壤侵蚀的定量研究 [J]. 水土保持研究，15 (4)：48-52.

杜俊平，叶得明，陈年来，2017. 基于可拓综合评价法的干旱区水资源承载力评价——以河西走廊地区为例 [J]. 中国农业资源与区划，38 (12)：56-63.

杜文星，黄贤金，2005. 基于农地流转市场分析的区域土地利用变化研究 [J]. 中国土地科学，19 (6)：3-7.

范怀超，2010. 国外土地流转趋势及对我国的启示 [J]. 经济地理 (3)：484-488.

冯光京，陈美景，曾爽，2010. 2009 年国内土地科学重点研究评述及 2010 年展望 [J]. 中国土地科学，24 (1)：71-79.

冯艳芬，2013. 农户土地利用行为研究综述 [J]. 生态经济（11）：63 - 67.

冯远香，刘光远，2013. 新疆农地流转与种植结构变化分析——基于区域粮食供给安全视角下 [J]. 农村经济，24（2）：30 - 32.

高红伟，乔晗，张亚萍，2005. 一个具有完全信息的动态合作博弈模型 [J]. 中国管理科学，10（13）：103 - 107.

高丽梅，2015. 土地流转是发展现代农业经济的有效途径 [J]. 农业经济（5）：26.

高希海，2016. 出实招办实事　促发展惠民生 [N]. 中国国门时报，11 - 23.

龚海珍，2009. 对新农村建设中农村土地流转制度的思考 [J]. 湘潭师范学院学报（社会科学版），31（4）：17 - 19.

官梅，2004. 怎样提高中国油菜产业的国际竞争力 [J]. 农业与技术，5：52 - 55.

何平，李卫华，2011. 基于可拓方法的网络购物策略生成问题 [J]. 微型机与应用，30（9）：90 - 92.

贺振华，2006. 农户外出、土地流转与土地配置效率 [J]. 复旦学报（社会科学版）（4）：95 - 103.

黄安强，李梦，杨丰梅，2013. 基于改进遗传规划算法的非线性集成预测新方法 [J]. 系统科学与数学，33（11）：1332 - 1344.

黄延信，2011. 农村土地流转状况调查与思考 [J]. 农业经济问题（5）：4 - 9.

黄祖辉，王朋，2008. 农村土地流转：现状、问题及对策——兼论土地流转对现代农业发展的影响 [J]. 浙江大学学报（人文社会科学版）（38）：38 - 47.

季虹，2001. 论农地使用权的市场化流转 [J]. 农业经济问题（10）：28 - 31.

贾仁安，等，2011. 低碳生态能源经济循环农业系统工程典型模式及配套技术 [J]. 系统工程理论与实践，31（1）：124 - 132.

建平黑水西瓜朝阳大枣 [EB]，2012. 百度文库，http：//wenku. baidu. cn，12 - 3.

金松青，2004. 中国农村土地租赁市场的发展及其在土地使用公平性和效率性上的含义 [J]. 经济学季刊（4）：1003 - 1027.

乐章，2010. 农民土地流转意愿及解释——基于十省份千户农民调查数据的实证分析 [J]. 农业经济问题（2）：64 - 70.

冷崇总，等，2008. 农村土地流转的成效、问题与对策 [J]. 价格月刊，5：3 - 8.

李艾丹，2016. 产业集群协同创新服务平台的可拓服务模型 [J]. 科学学研究，34（2）：220 - 227.

李长健，梁菊，2010. 农村土地流转国内外研究综述与展望 [J]. 广西社会主义学院学报. 21（2）：79 - 83.

李纯乾，林素兰，柳金库，2011. 层次分析法在辽东山区坡耕地生态安全评价中的应用 [J]. 辽宁农业科学（5）：29 - 33.

李举锋，张学军，2015. 从博弈论的角度分析我国农村土地流转问题 [J]. 现代农业科技

（10）：348-350.

李丽莉，张涛，2010. 甘肃发展特色农业的 SWOT 分析［J］. 社科纵横（8）：30-32.

李刘艳，2012. 发达国家农地流转市场建设成效及借鉴［J］. 江苏农业科学，40（2）：343-344.

李栓，2012. 集体土地流转市场主体博弈关系分析［J］. 中国人口. 资源与环境（S1）：209-212.

李文军，杨春燕，2017. 基于系统动力学模型的物元相关网研究［J］. 智能系统学报，12（4）：459-467.

李先玲，2010. 农村土地流转对农民收入的影响路径［J］. 合作与经济（10）：26-27.

李兴森，石勇，李爱华，2006. 基于可拓集的企业数据挖掘应用方案初探［J］. 哈尔滨工业大学学报，38（7）：1124-1128.

李玉申，2012. 辽宁农业特色产业基地相关问题研究［J］. 农业经济，6：21-22.

廖洪乐，2012. 农户兼业及其对农地承包经营权流转的影响［J］. 管理世界（5）：62-70.

刘初旺，吴金华，2003. 土地经营权流转与农业产业化经营［J］. 农业经济问题（12）：52-55.

刘冬梅，2002. 关于我国种植业区域布局调整的若干思考［J］. 中国农业资源与区划，23（4）：56-59.

刘珺，2013. 我国城镇化发展过程中土地流转问题研究［J］. 当代经济（5）：66-67.

刘莉君，2011. 农村土地流转模式的绩效比较研究［M］. 北京：中国经济出版社.

刘明，2015. 中国土地流转制度：理论探讨与发展思路［J］. 对策研究（6）：92-98.

刘明广，2009. 复杂群决策系统的涌现机理研究［J］. 系统科学学报，17（3）：67-70.

刘淑春，2008. 改革开放以来中国农村土地流转制度的改革与发展［J］. 经济与管理，22（10）：23-27.

刘淑俊，张蕾，2014. 土地流转对农民收入影响的经济效应分析［J］. 东北农业大学学报（社会科学版），12（6）：20-24.

刘树材，2010. 产权、定价机制与农村土地流转［J］. 农村经济（12）：30-34.

刘卫柏，李中，2011. 新时期农村土地流转模式的运行绩效与对策［J］. 经济地理，31（2）：300-304.

刘小俊，2013. 农村人力资源转移就业对农村发展影响分析［J］. 农业经济（9）：67-69.

刘艳彬，李兴森，袁平，2012. 基于可拓变换的商业模式创新研究——以电动汽车商业模式创新为例［J］. 数学的实践与认识，42（10）：25-31.

刘友凡，2001. 稳定承包权，放活经营权——湖北省黄冈市农村土地流转情况的调查［J］. 中国农村经济（10）：19-22.

刘昭，2012. 加强地理标志产品保护申报的建议［J］. 品牌与标准化. 7：55-56.

柳一桥，2013. 荷兰、日本、澳大利亚和巴西特色农业产业化发展的战略研究［J］. 世界农业（3）：46-48.

吕萍，2009. 土地承包经营权流转：权益的保障与规范 [J]. 中国土地科学，23（7）：47-51.

栾广宇，等，2013. 辽西地区土地利用变化对生态安全的影响——以朝阳县为例 [J]. 西南农业学报，26（2）：667-671.

罗英姿，邢鹏，王凯，2002. 中国棉花比较优势及国际竞争力的实证分析 [J]. 中国农村经济（11）：18-24.

骆东奇，周于翔，姜文，2009. 基于农户调查的重庆市农村土地流转研究 [J]. 中国土地科学，23（5）：47-52.

马士华，王鹏，2006. 基于 Shapley 值法的供应链合作伙伴间的收益分配机制 [J]. 工业工程与管理（4）：43-46.

马寿峰，贺正冰，张思伟，2010. 基于风险的交通网络可靠性分析方法 [J]. 系统工程理论与实践，30（3）：550-556.

梅福林，2006. 我国农村土地流转的现状与对策 [J]. 统计与决策（10）：46-48.

彭涛，高旺盛，隋鹏，2004. 农田生态系统健康评价指标体系的探讨 [J]. 中国农业大学学报，9（1）：21-25.

钱忠好，王兴稳，2016. 农地流转何以促进农户收入增加——基于苏、桂、鄂、黑四省（区）农户调查数据的实证分析 [J]. 中国农村经济，10：39-50.

阮聘，陈梦鑫，2014. 新型城镇化背景下的土地流转政策研究——以成都市万春镇流转模式为例 [J]. 城市发展研究（3）：61-65.

苏斌，于琳，2006. 新疆特色农业产业化可持续发展的途径与机制 [J]. 中国农业资源与区划，27（6）：5-9.

苏桂秋，2014. 朝阳品牌大枣产业发展现状及前景分析 [N]. 朝阳日报，07-26.

孙保敬，南灵，2010. 农地流转影响因素的实证分析——基于省级面板数据的分析 [J]. 农村经济与科技（21）：63-65.

孙晓华，2008. 产业集聚效应的系统动力学建模与仿真 [J]. 科学学与科学技术管理（4）：71-76.

孙佑海，2001. 土地流转制度研究 [M]. 北京：中国大地出版社.

谭文兵，张家义，2003. 农地城市流转对生态环境的影响 [J]. 国土资源科技管理（3）：22-24.

谭跃进，邓宏钟，2001. 复杂适应系统理论及其应用研究 [J]. 系统工程，19（5）：1-6.

田野，2015. 农村稳定是土地制度改革的核心 [J]. 甘肃农业（6）：26.

佟东，王含春，2013. 基于系统动力学的产业结构安全评价体系构建 [J]. 当代经济管理，35（7）：1-7.

涂武斌，等，2012，基于多目标规划的农村生态系统健康评价指标选择模型 [J]. 系统工程理论与实践，32（10）：2229-2236.

涂志勇，2010. 博弈论 [M]. 北京：北京大学出版社.

汪定伟，刘旭旺，2014. 基于演化博弈的评标管理行为分析 [J]. 系统工程学报，29（6）：771-779.

王邦兆，2001. 区域工业经济系统动力学模型及政策建议 [J]. 统计与决策（10）：23-24.

王淳，2013. 本溪市水土流失灾害现状与减灾对策 [J]. 水土保持应用技术（4）：26-28.

王洪友，2010. 朝阳大枣小米获地理标志保护 [N]. 朝阳日报，09-17.

王家庭，张换兆，2011. 中国农村土地流转制度的变迁及制度创新 [J]. 农村经济（3）：31-35.

王静，张健沛，杨静，等，2009. 动态描述逻辑的可拓集合扩展 [J]. 计算机科学，36（3）.

王丽娟，黄祖辉，顾益康，等，2012. 典型国家（地区）农地流转的案例及其启示 [J]. 中国农业资源与区划，8（33）：47-53.

王培志，杨依山，2013. 被征农地增值分配的动态合作博弈研究 [J]. 财经研究，39（3）：87-98.

王先甲，全吉，刘伟兵，2011. 有限理性下的演化博弈与合作机制研究 [J]. 系统工程理论与实践，31（S1）：82-93.

王志章，兰剑，2010. 农村土地流转中介组织相关问题研究 [J]. 科学决策（3）：43-50.

韦云风，2009. 基于特色农业产业的农村土地流转模式——关于广西富川农村土地流转实践的调查 [J]. 农村经济（8）：35-38.

魏金铭，2016. 刘杖子乡现代农业考察报告 [J]. 经营管理（12）：44-45.

吴冠岑，刘友兆，付光辉，2008. 基于熵权可拓物元的土地整理项目社会效益评价 [J]. 中国土地科学，22（5）：40-46.

吴海清，顾高斌，阚金山，2009. 系统动力学模型在采办风险评估中的应用研究 [J]. 农业与技术，29（1）：170-175.

向鹏成，徐伟，2016. 基于系统动力学方法的新型城镇化进程中农村土地流转的社会风险识别 [J]. 国土资源科技管理，33（1）：110-118.

项秀，2014. 土地流转是产业结构调整的有效抓手 [N]. 青海日报，2-18.

肖翠华，2010. 浅析特色产业的发展——以四川省乡城县为例的实证分析 [J]. 农村经济（6）：43-46.

谢秋山，赵明，2013. 家庭劳动力配置、承包耕地数量与中国农民的土地处置——基于CGSS2010 的实证分析 [J]. 软科学，27（6）：59-68.

熊红芳，邓小红，2004. 美国日本农地流转制度对我国的启示 [J]. 农业经济（11）：61-62.

熊宁，曾尊固，2001. 试论调整农业结构与构建区域特色农业 [J]. 经济地理，12（5）：

564 - 568.

徐铁男，2010. 辽宁省西北部地区旱田增墒技术研究 [J]. 节水灌溉 (11)：51 - 52.

徐铁英，2015. 辽宁引导土地经营权有序流转 [N]. 农民日报- 05 - 19.

徐铁英，2015. 我省土地流转面积近 1400 万亩 [N]. 农民日报，5 - 10.

徐鲜梅，2015. 农村流转模式比较研究 [J]. 农村经济 (2)：24 - 30.

徐霄枭，项晓敏，金晓斌，等，2015. 土地整治项目社会经济影响的系统动力学分析——
　　方法与实证 [J]. 中国土地科学，29 (8)：73 - 80.

许国志，1981. 论事理. 系统工程论文集 [G]. 北京：科学出版社.

许恒周，石淑芹，吴冠岑，2012. 农地流转市场发育、农民阶层分化与农民养老保障模式
　　选择——基于我国东部地区农户问卷调查的实证研究 [J]. 资源科学，34 (1)：
　　136 - 141.

闫功双. 针对问题找对策扬长避短谋发展 [J]. 水土保持应用技术 (3)：42.

闫鹏，2015. 农村土地流转存在的七大问题 [J]. 甘肃农业 (6)：24 - 25.

杨春燕，蔡文，2000. 可拓工程研究 [J]. 中国工程科学，2 (12)：90 - 96.

杨春燕，蔡文，2001. 可拓集合的新定义 [J]. 广东工业大学学报，18 (1)：59 - 60.

杨春燕，蔡文，2007. 可拓工程 [M]. 北京：科学出版社.

杨春燕，蔡文，2008. 基于可拓集的可拓分类知识获取研究 [J]. 数学的实践与认识，38
　　(16)：184 - 191.

杨春燕，李兴森，2012. 可拓创新方法及其应用研究进展 [J]. 工业工程，15 (1)：
　　131 - 137.

杨春燕，张拥军，蔡文，2002. 可拓集合及其应用研究 [J]. 数学的实践与认识，32 (2)：
　　301 - 308.

杨钢桥，杨俊，2010. 农村流转对不同类型农户农地投入行为的影响 [J]. 中国土地科学，
　　24 (9)：18 - 23.

杨继君，许维胜，吴启迪，2008. 基于改进核心法的合作博弈在供应链中的应用 [J]. 工
　　业工程与管理 (4)：15 - 18.

杨建元，2005. 使用可用度分解方法研究 [J]. 系统工程理论与实践，25 (2)：130 - 133.

杨丽，2009. 农村土地承包经营权流转问题的思考 [J]. 北京科技大学学报 (社会科学
　　版)，25 (1)：34 - 37.

姚爽，郭亚军，黄玮强，2010. 基于证据距离的改进 DS/AHP 多属性群决策方法 [J]. 控
　　制与决策 (6)：894 - 898.

易余胤，肖条军，盛昭瀚，2005. 合作研发中机会主义行为的演化博弈分析 [J]. 管理科
　　学学报，8 (4)：80 - 86.

殷克东，薛俊波，赵昕，2002. 可持续发展的系统仿真研究 [J]. 数量经济技术经济研究，
　　10：61 - 64.

于学斌，闫春佳，2016. 朝阳县畜牧业发展风帆正举一路凯歌 [N]. 朝阳日报，06-08.

余永权，2001. 可拓检测技术 [J]. 中国工程科学，3（4）：88-94.

袁晓军，李娟，2014. 基于系统仿真的军民融合产业基地发展机制研究 [J]. 西北工业大学学报（社会科学版），34（1）：33-38.

岳意定，刘莉君，2010. 给予网络层次分析法的农村土地流转经济绩效评价 [J]. 中国农村经济（8）：36-37.

詹碧英，2009. 关于加快农村土地流转的若干思考 [J]. 经济师（4）：199-200.

詹和平，张林秀，2008. 农户土地流转行为的影响因素——有序 Probit 模型的实证研究 [J]. 重庆建筑大学学报，30（4）：10-14.

张二华，李春琦，吴吉林，2014. 基于 DAG 方法的 SVAR 模型识别：理论基础和仿真实验 [J]. 系统工程理论与实践，34（1）：25-34.

张红宇，2002. 中国农村的土地制度变迁 [M]. 北京：中国农业出版社.

张克俊，2003. 论特色农业的理论与发展思路 [J]. 华中农业大学学报（1）：6-11.

张淑荣，李广，刘稳，2007. 我国大豆产业的国际竞争力实证研究与影响因素分析 [J]. 国际贸易问题（5）：10-15.

张文秀，李冬梅，刑殊媛，等，2005. 农户土地流转行为的影响因素分析 [J]. 重庆大学学报（社会科学版），11（1）：14-17.

张秀生，单娇，2014. 加快推进农业现代化背景下新型农业经营主体培育研究 [J]. 湘潭大学学报（哲学社会科学版），38（3）：17-24.

张云华，2014. 农用地流转何以"点"土成金 [N]. 中国国土资源报，3-10.

章杰宽，2011. 区域旅游可持续发展系统的动态仿真 [J]. 系统工程理论与实践（11）：2101-2107.

赵涛，李晅煜，2008. 能源—经济—环境（3E）系统协调度评价模型研究 [J]. 北京理工大学学报（社会科学版），10（2）：11-17.

赵泽洪，廖敏，2009. 我国统筹城乡发展的多元模式探索 [J]. 成都行政学院学报，2（62）：50-52.

钟永光，等，2015. 系统动力学 [M]. 北京：科学出版社.

周成斌，2011. 集合居住形态的可拓分析 [J]. 建筑技艺（Z1）：123-126.

周丽永，2007. 地区特色产业及其评价指标体系的构建 [J]. 统计与决策（5）：72-74.

朱建军，郭霞，常向阳，2011. 农地流转对土地生产率影响的对比分析 [J]. 农业技术经济（4）：78-84.

朱建军，王梦光，刘世新，2007. AHP 判断矩阵一致性改进的若干问题研究 [J]. 系统工程理论与实践，27（1）：18-22.

Agnieszka Nowak, Christian Schneider, 2017. Environmental characteristics, agricultural land use, and vulnerability to degradatioon in Maloplska Prvince (Poland) [J]. Science of the Total Environment (3): 620 - 632.

Animesh Biswas, Bijay Baran Pal, 2004. Application of fuzzy goal programming technique to land use planning in agricultural system [J]. Omega, 33 (5): 391 - 398.

Barber P, Lopez - Valcurcel B G, 2010. Forecasting the need for medicalspecialists in Spain: Application of a system dynamics model [J]. Human Resources for Health (1): 24.

Basset, Ellen M, 2005. Tinkering with tenure: the community land trust experiment in Voi, Kenya [J]. Habitat International (29): 375 - 398.

Biliang luo, Bo fu, 2009. The farmland property rights deformity: the history, reality and reform [J]. China agricultural economic review (4): 89 - 101.

Bogaerts T. , Willianmson I. P. &-Fendel E. M, 2002. The Roles of Land Adminietration in the Accession of Central European Countries to the European Union [J]. Land Use Policy, 19 (1): 29 - 46.

Bogaerts. T, 2002. williamson IP. The role of land administration in the accession of central—European countries to European Union [J]. Land Policy, 19 (1): 29 - 48.

BRANDT L, HUANG J K, LI G, 2002. Land rights in China: facts, fictions and Issues [J]. China Journal (2): 1 - 48.

B. W. Ang, 2005. The LMDI approach to decomposition analysis: a practical guide [J]. Energy Policy (33): 867 - 871.

Cai G, Kock N, 2009. An evolutionary game theoretic perspective on e - collaboration: The collaboration effort and media reativeness [J]. European Jouranl of Operational Research, 194 (3): 821 - 833.

Cavid F, 2008. Creating self - sustaiiniing high - skill ecosystems [J]. Oxford keview of Econoicc Policy (15): 63 - 69.

Chen M C, 2002. district and social capital in Taiwan's economic development: an economic sociological study on Taiwan's bicycle industry [M]. Haven: Yale University: 623 - 270.

Cheng Xu, 2004. Comparative study of Chinese ecological agriculture and sustainable agriculture [J]. International Journal of Sustainable Development & World Ecology, Vol. 11 (1): 54 - 62.

Chin - Yuan Fan, Pei - Shu Fan, Pei - Chann Chang, 2010. A system dynamics modeling approach for a military weapon maintenance supply system [J]. International Journal of Production Economics, 128 (2): 457 - 469.

Christiano L J, Eichenbaum M, Evans C, 2005. Nominal rigidities and the dynamic effects of a shock to monetary policy [J]. Journal of Political Economy, 113 (1): 145.

C. Watanabe, B. Asgari, A. Nagamatsu, 2003. Virtuous cycle between R&D, functionality development and assimilation capacity for competitive strategy in Japanese high technology industry [J]. Technovation, 23 (11): 879 - 900.

Davis R, 2002. Calculated risk: a teamwork for evaluating product development [J]. MIT Sloan Management Review, 3 (4): 71 - 77.

Dirk Loehr, 2010. External costs as driving forces of land use changes [J]. Sustainability (2): 1035 - 1054.

Dobni C, Luffm of man G, 2003. Determing the scope and impact of market orientation pro-files on strategy implementation and performance [J]. Strategic Management Journal (12): 57 - 65.

Dong - Je, Cho, 2011. Legal Issues on the Rural Land Contracting Management Right Be-coming a Shareholder in China [J]. Journal of property law, 27 (3): 483 - 508.

Douglas C, 2000. M "An Economic case for Land Reform", Land use policy, Vol. 17: 49 - 57.

Elizabeth Brabec, Chip Smith, 2002. Agricultural land fragmentation: the spatial effects of three land protection strategies in the eastern United States [J]. Landscape and Urban Planning (58): 255 - 268.

Forrester J W, 2007. The next fifity years [J]. System Dynamics Reviews (23): 359 - 370.

Frank A • Ward, Manuel Pulido - Velazquez, 2008. Efficiency, equity, and sustainability in a water quantity uality optimization model in the Rio Grande basin [J]. Ecological econom-ics, 7 (2): 298 - 319.

German Richard N, Thompson Catherine E, 2017, Benton Tim G. Relationships among multiple aspects of agriculture's environmental impact and productivity: a meta - analysis to guide sustainable agriculture, Biological reviews of the Cambridge Philosophical Society, Vol. 92 (2): 716 - 738.

Gobin A, Campling P, Feyen J, 2002. Logistic modeling to derive agricultural land use de-terminants: A case study from sourh - eastern Nigeria [J]. Agriculture, Ecosystems and Environment (89): 213 - 228.

G. Salvini, A. van Paassen, A. Ligtenberg, G. C. Carrero, A. K. Bregt, 2016. A role - pla-ying game as a tool to facilitate social learning and collective action towards Climate Smart Agriculture: Lessons learned from Apu, Brazil [J]. Environmental Science and Policy (63): 113 - 121.

Helena Skyt Nielsen, Michael Rosholm, Nina Smith, Leif Husted, 2001. Qualifications, discrimination, or assimilation? An extended framework for analysing immigrant wage gaps [J]. Empirical Economics, 9 (365): 5 - 43.

Hinojosa M A, Marmol A M, Thomas L C, 2005. Core, least core and nucleolus for multi-ple scenario cooperative games [J]. European Journal of Operational Research, 164 (1):

225 – 238.

Huang Xianjin, Nico Heerink. Ruerd Ruben, Qu Futian, 2000. Rural land markets during e-conomic reform in mainland China [A]. In: Aad Van Tiburg, Herk A. J Moll, Arid Kuyvenhoven eds, Agricultural Markets Beyond Liberalization [C]. Massachusetts: Kluwwer Academic Publishers.

James Kai – sing Kung, 2002. Off – farm Labor Markets and the Emergence of Land Rental Markets in Rural China [J]. Journal of Comparative Economics (30): 395 – 414.

Jin, S., Dieninger, K, 2009. Land rental markets in the process of rural structural transformation: Productivity and equity impacts from China [J]. Journal of Comparative Economics (37): 629 – 646.

Jin, W. &., iao Han, Z. 2012. Has the Lewis Turning Point Arrived in China? ——Theoretical Analysis and International Experience [J]. Social Sciences in China, 8 (3): 81 – 100.

Jingzhong Ye, 2015. Land Transfer and the Pursuit of Agricultural Modernization in. China [J]. Journal of Agrarian Change, Vol. 15 (3): 314 – 337.

Joshua M. Duke, Eleonora Marisova, Anna Bandlerova, Jana Slovinska, 2004. Price Repression in the Slovak Agricultural Land Market [J]. Land Use Policy (21): 59 – 69.

Juan CHEN, Shaolei YANG, 2014. Rural Land Property Right System of China: Defects and Solutions [J]. Canadian Social Science, Vol. 10 (2): 75 – 83.

Karlheinz Knickel, Amit Ashkenazy, Tzruya Calvão Chebach, 2017, Nicholas Parrot. Agricultural modernization and sustainable agriculture: contradictions and complementarities [J]. International Journal of Agricultural Sustainability, Vol. 15 (5): 575 – 592.

Klaus Deininger, Songqing Jin, Fang Xia, 2014. Moving off the farm: land institutions to facilitate structural transformation and agricultural growth in China [J]. Policy Research working paper (59): 505 – 520.

Knight, J., Deng, Q., Li, S, 2011. The puzzle of migrant labor shortage and rural labor surplus in China [J]. China Economic Review (22): 585 – 600.

Krystyna Stave, 2010. Participatory system dynamics modeling for sustainable environmental management: Observations from four cases [J]. Sustainability (2): 2762 – 2784.

Kung J, 2002. K. S. Off – Farm Labor Markets and the Emergence of Land Rental Market in Rural China [J]. Journal of Comparative Economics (30): 395 – 414.

K. Mosoma, 2004, Agricultural competitiveness and supply chain integration: South Africa, Agreinant and Australia [J]. Argentina and Australia. Agrekon, 43 (1): 132 – 144.

LAI Yi—hsuan, CHE Hui – chung, 2009. Modeling patent legal value by extension neural network [J]. Expert Systems with Applications, 36 (7): 10520 – 10528.

Macmillan, D. C, 2000. An Economic Case for Land Reform [J]. Land Use Policy, 17

(1)：49 - 57.

Mahdi Bastan，2018，Reza Ramazani Khorshid - Doust，Saeid Delshad Sisi. Sustainable development of agriculture：a system dynamics model [J]. Alimohammad Ahmadvand Kybernetes，Vol. 47（1）：142 - 162.

Marianthi V. Podimata，Panayotis C. Yannopoulos，2015. Evolution of Game Theory Application in Irrigation Systems [J]. Agriculture and Agricultural Science Procedia（4）：271 - 281.

Marsden T，Sonnino R，2008. Rural development and there gionalstate：Denying multifunctional agriculture in the UK. Journal of Rural Studies（24）：422 - 431.

Minami，R.，Ma，X，2010. The Lewis turning point of Chinese economy：Comparison with Japanese experience [J]. China Economic Journal，3（2）：163 - 179.

Moulin H，1988. Axioms of cooperative decision making [M]. Cambridge（UK）：Cambridge University Press.

M. Nikolaidou，D. Anagnostopoulos，2013. A distributed system simulation modelling approach [J]. Simulation Modelling Practice and Theory，11（3）：251 - 267.

Peter J. Barry，2005. Industrialization of U. S. agriculture：policy，Research and education need [J]. Agricultural and Resource Economics Review，24（1）：128 - 135.

Piggero L，Sammara A，2001. Identity and identification in industrial districts [J]. Journal of Management and Govement（5）：61 - 82.

P. Lynn Kennedy&.C，2002. Parr Rosson. Impacts of Globalization on Agricultural Competitiveness：The Case of NAFTA [J]. Journal of Agricultural &. Applied Economics，Southern Agricultural Economics Association，34（2）：275 - 288.

Ramesh chand，Paladshmi prasanna，Aruna signal，2011. Farm size and productivity：understanding the strengths of smallholders and improving their live hood [J]. Economic&. political weekly supplement，46（26/27）：5 - 11.

Rober cooter，Thomas Ulen，2003. Law and Economics（fourth edition）[M]. Riehmond VA，the state of virgin in the united states America，Pearson Addison Wesley.

Rudd M A，2004. An institutional framework for designing and monitoring ecosystem - based fisheries management policy experiments [J]. Ecological Economics，25（4）：317 - 321.

Rudd M A，2004. An institutional framework for designing monitoring ecosystem - based fisheries management policy experiments [J]. Ecological Economics，48（1）：109 - 124.

Shuyi FENG，Nico HEERINK Ruerd RUBEN，Futian QU，2010. Land rental market，off - farm employment and agricultural production in Southeast China：A plot - level case study [J]. China Economic Review（21）：598 - 606.

Terry V. D，2003. Scenarios of Central European Land Fragmentation [J]. Land Use Policy

(20): 149 - 158.

Tesfaye T. , Adugna L, 2004. Factors Affecting Entry Intensity in Informal Rental Land Markets in the Southern Ethiopian Highand [J]. Agricultural Economics (30): 117 - 128.

Thirlwall, A. P, 1983. Growth and Development with special. Reference to Developing Economics. London, Macrnillan.

Thomas Y, Kevin J, 2001. Supply networks and comples adaptive systems: control versus emergence [J]. Journal of Operations Management, 19 (3): 351 - 366.

WANG Meng - hui, TSENG Yi—feng, CHEN Hung—cheng, 2009. A novel clustering algorithm based on the extension theory and genetic algorithm [J]. Expert Systems with Applications, 36 (4): 37 - 46.

Wegeren, S. K, 2003. Why Rural Russians Participate in the Land Market: Socio - economic Factors [J]. Post communist Economics, 15 (4): 483 - 501.

Westcott. P. C. , J. M. Price. Analysis of the U. S. commodity loan program with marketing loan provision, D. C: USDA [R]. Economic Research Service, Agricultural Economic Report: 801.

Wolfgang Keller, 2002. Trade and the Transmission of Technology. Journal of Economic Growth (7): 271 - 276.

Xiwen Chen, 2010. Issues of China's rural development and policies [J]. Journal of Accounting & Organizational Change, Vol. 2 (3): 233 - 239.

Xu Baogen, Yun Wenju, 2005. Extendable goal programming model for and resources allocation [J]. Transactions of the CSAE, 21 (1): 32 - 35.

X. P. Wang. , Nick Weaver, 2013. Surplus labor and Lewis turning points in China. [J] Journal of Chinese Economic and Business Studies, 1 (11): 1 - 12.

Yan Ma, Liding Chen, Xinfeng Zhao, Haifeng Zheng, Yihe Lü, 2009. What motivates farmers to participate in sustainable agriculture? Evidence and policy implications [J]. International Journal of Sustainable Development & World Ecology, Vol. 16 (6): 374 - 380.

Yang Chun - yan, 2010. Recent Progress on management extension engineering [J]. Science Foundation in China, 24 (1): 13 - 16.

Yang Chun - yan, Li Wei - hua, Li Xiao - mei, 2011. Recent research progress in theories and methods for the intelligent disposal of contradictory problems [J]. Journal of Guangdong University of Technology, 28 (1): 86 - 93.

Yao, Y. , Zhang, K, 2010. Has China passed the Lewis turning point? A structural estimation based on provincial data [J]. China Economic Journal, 3 (2): 155 - 162.

Yi Liu, Xinju Li, 2013. Game Theory Analysis on the Generation Process of Transfer of Rural Construction Land Transfer [J]. IERI Procedia，Vol. 5：59 – 64.

YIN Yan—chao，SUN Lin – fu，GUO Cheng，2008. A policy of conflict negotiation based on fuzzy matter element particle swarnl optimization in distributed collaborative creative design [J]. Computer – Aided Design. 40 （10）：1009 – 1014.

Zhang，X. ，Yang，J. ，Wang，S，2011. China has reached the Lewis turning point [J]. China Economics Review （22）：542 – 554.

Zhi Chen，Yongquan Yu，2003. To Find the Key Matter – Element Research of ExtensionDetecting [A]. Int. Conf. Computer，Communication and Control Technologies （CCCT） [C]. Florida，USA，7.

Zhou Zhi – dan，Li Xing – sen，2010. Research on Extenics – based innovation model and its application for enterprise independent innovation [J]. Studies in Science of Science，28 （5）：769 – 776.

Zvi Lerman，2004. Policies and institution for commercialization of subsistence farms in transition countries [J]. Journal of Asian Economics （15）：461 – 479.

后 记

回首走过的岁月，心中倍感充实，感慨颇多。本书是在我的博士论文的基础上修改完善而成的。诚挚的感谢我的导师、我的同学和我的家人们！

首先是感谢我的导师杨茂盛老师。师从十年有余，老师以严谨的治学之道、宽厚仁慈的胸怀、积极乐观的生活态度，为我树立了学习的典范，从他身上领悟到了本本分分做人、踏踏实实做事的道理。在完成的过程中，从设计、修改到定稿，自始至终都倾注着导师的心血。

其次，在调研与撰写过程中，感谢朝阳市图书馆刑秀丽老师、大连市图书馆张莉老师的支持，帮助查找所需的统计年鉴资料；尤为深刻的是 2015 年 10 月在朝阳市进行实地调研考察，当天气温只有—13℃，却还未到供暖期，刑秀丽老师穿着单衣，一趟一趟为我搬资料、查资料，并帮我整理归类，让我尤为感动。在撰写及修改过程中，感谢西安建筑科技大学孔凡楼老师和张玮老师为我所提供的帮助，同时也感谢我的朋友杨杨在答辩前对我的鼓励、支持及帮助。

最后，也是最重要的，就是感谢我的父母与我的爱人，他们的帮助、体谅、包容和支持是我前进的动力，默默担负家里所有的事务，帮助带孩子，承担了本应属于我的责任和义务。

衷心感谢各位学友的帮助和鼓励！

感谢所有给予关心和帮助我的朋友们！

王 乐

2021 年 12 月于北京

图书在版编目（CIP）数据

农地流转促进特色产品种植业发展的可拓决策研究 /
王乐著. —北京：中国农业出版社，2023.2
ISBN 978-7-109-29443-1

Ⅰ.①农… Ⅱ.①王… Ⅲ.①农业用地－土地流转－
研究－中国②种植业－经济发展－研究－中国 Ⅳ.
①F321.1②F326.1

中国版本图书馆 CIP 数据核字（2022）第 087495 号

中国农业出版社出版
地址：北京市朝阳区麦子店街 18 号楼
邮编：100125
责任编辑：王秀田　　文字编辑：张楚翘
版式设计：王　晨　　责任校对：张雯婷
印刷：北京中兴印刷有限公司
版次：2023 年 2 月第 1 版
印次：2023 年 2 月北京第 1 次印刷
发行：新华书店北京发行所
开本：700mm×1000mm　1/16
印张：9.5
字数：170 千字
定价：68.00 元